高等职业教育
智能化教材系列

INTELLIGENT TEXTBOOK SERIES FOR
HIGHER VOCATIONAL EDUCATION

EXPERIMENTAL TECHNIQUE TRAINING

实验技术 实训（第2版）

主　编　魏文静
副主编　崔晓雪
参　编　李　炜　李　娜　赵倩倩

天津大学出版社
TIANJIN UNIVERSITY PRESS

内 容 提 要

《实验技术实训》教材适用于环境工程技术专业群的专业共享课程。其内容的选择符合课程标准的要求,且多样、生动,有利于学生进行实训探究、提出问题、观察现象、进行操作、讨论结果以及最后进行评价。教材编写涵盖实验室基础知识、实训室常用仪器设备认知和玻璃仪器的洗涤与干燥、实训室常用化学试剂认知及溶液配制、实训室基本操作技术、实训项目五大模块。教材将实验内容与思政元素融合,潜移默化地培养学生如何做人、如何做事,有利于引导学生利用已有的知识与经验,主动探索知识的发生与发展,同时也应有利于教师创造性地进行教学。

图书在版编目(CIP)数据

实验技术实训 / 魏文静主编. -- 天津:天津大学
出版社,2021.8 (2024.9重印)
高等职业教育智能化教材系列
ISBN 978-7-5618-7027-3

Ⅰ.①实…　Ⅱ.①魏…　②李…　③李…　④赵…　Ⅲ.
①环境工程－实验－高等职业教育－教材　Ⅳ.①X5-33

中国版本图书馆CIP数据核字(2021)第170319号

SHIYAN JISHU SHIXUN（Di-er Ban）

出版发行	天津大学出版社
地　　址	天津市卫津路 92 号天津大学内 (邮编:300072)
电　　话	发行部:022-27403647
网　　址	www.tjupress.com.cn
印　　刷	天津泰宇印务有限公司
经　　销	全国各地新华书店
开　　本	185 mm × 260 mm
印　　张	11.75
字　　数	293 千
版　　次	2021 年 8 月第 1 版　2023 年 9 月第 2 版
印　　次	2024 年 9 月第 3 次
定　　价	48.00 元

2版前言

党的二十大报告强调"办好人民满意的教育""加快建设高质量教育体系"。人民满意的教育必定是高质量的教育。教材作为教育目标、理念、内容、方法、规律的集中体现，是教育教学的基本载体和关键支撑，是教育核心竞争力的重要体现。

根据当前高职教育人才培养目标对环境工程技术专业群专业共享课程——实验技术实训教学提出的具体要求，按照实验技术实训课程标准的要求，编写了这本《实验技术实训》教材。

本教材在编写的过程中体现了以下五个特点。

（1）内容贴合实际工作需求。教材编写结合区域专业职业岗位要求，符合地区行业发展，又结合使用人群学习能力，符合学生认知规律。

（2）教材尽量少有冗余。教材按照适度够用、层层递进等认知规律进行编写，不常见或不容易实现教学的内容尽量不写。教材基本内容保持不变，根据行业发展及时、适度添加新知识和新技能。

（3）教材变成素材集。多手段、多渠道、多资源、少论述。党的二十大报告中提出"推进教育数字化"，本教材中出现的信息化手段多样、多维度，尽量减小原理性的文字叙述，将数字资源与纸质教材充分交融。

（4）变教材为工具。教材不但要引导学生学习，而且要通俗易懂；教材要辅助教师授课；教材要在课上课下发挥作用；教材要将素质教育与业务培养相结合、知识传授与能力培养相结合。

（5）教材有机地融入思想政治元素。教材将实验内容与思政元素融合，潜移默化地培养学生实事求是、精益求精、科学严谨的工作态度。

本教材分为五个模块，分别为实验室基础知识、实训室（由于职业院校一般将实验称为实训，将实验室称为实训室，故除模块一外，其余模块均采用实训、实训室的说法）常用仪器设备认知和玻璃仪器的洗涤与干燥、实训室常用化学试剂认知及溶液配制、实训室基本操作技术、实训项目，每个模块都包含具体的学习任务。教材内容力求做到循序渐进、由浅入深，理论和实际相结合。教材素材全面，内容丰富。对不易表现的内容采用信息化手段和方式进行表述，教材在课上课下、线上线下均可使用。

本教材由天津渤海职业技术学院魏文静担任主编，崔晓雪担任副主编。模块二，模块五中任务1、任务10至任务13由魏文静编写；模块四，模块五中任务7至任务9、任务18由崔晓雪编写；模块一，模块五中任务16、任务19由赵倩倩编写；模块三，模块五中任务14、任务15由李炜编写；模块五中任务2至任务6、任务17由李娜编写。全书由魏文静统稿。

本书在编写过程中得到编者所在学校的积极帮助和大力支持，在此表示衷心感谢！由于水平有限及时间仓促，书中难免有不足之处。恳切希望得到同人和读者的批评指正，以使教材编得更好，更符合教学要求与规律，获得更好的教学效果。

编者

2023 年 8 月

目录

模块一 实验室基础知识

【学习目标】

1. 明确学习本课程的目的和内容,掌握实验室安全常识;
2. 具备良好的实验室工作习惯和科学的工作态度;
3. 学会科学地撰写实验报告及处理实验数据,具有一定的自学能力。

任务 1-1 实验室管理制度与安全常识

一、实验室安全事故典型案例

近些年,发生在各地高校的实验室安全事故屡见不鲜。

2018 年 12 月 26 日,北京某高校东校区一实验室发生爆炸,导致 3 名学生死亡。事故发生时,该校市政环境工程系学生正在进行垃圾渗滤液污水处理的科研实验。

2018 年 11 月 11 日,江苏某大学发生实验室爆燃事件。事故发生时,该校师生正在实验室进行萃取实验。

2016 年 9 月 21 日,上海某大学化学化工与生物工程学院一实验室发生爆炸,2 名学生受重伤,1 名学生受轻微擦伤。

2015 年 12 月 18 日,北京某高校二层的一间实验室发生爆炸,1 名正在做实验的博士后当场死亡。

2015 年 12 月 5 日,上海某大学实验楼内有学生在做实验时突发爆溅意外,造成 2 名学生受伤,所幸伤者情况稳定,无生命危险。

2015 年 6 月 17 日,苏州某高校物理楼二层实验室在处理锂块时发生爆炸,所幸无人员受伤。

2015 年 4 月 5 日,徐州某高校化工学院一实验室发生爆炸,5 人受伤,1 人抢救无效死亡。

2012 年 2 月 15 日,南京某高校化学楼六层发生甲醛泄漏,约 200 名师生被紧急疏散。在事故中不少学生喉咙痛、流眼泪,感觉不适。

2011 年 12 月 7 日,天津某高校 1 名女生在做化学实验时发生意外,导致手部严重受伤。

二、典型案例分析

（一）某高校实验室发生的设备爆炸事故

1. 事故过程

2010年6月上旬某日，某高校1名研究生在给一台分析仪充入氮气的过程中短暂离开实验室。当他回到该仪器旁边时，该仪器观察窗口的玻璃突然爆裂，碎裂的玻璃片将他右手静脉割破、腹部割伤，致大量出血。其他实验室的同学发现后，立即拨打"120"将其送医院抢救。

爆裂的玻璃片飞散至室内各处，其中一小块玻璃高速撞击实验室门上的玻璃，并将其击穿，可见爆炸的威力巨大。

2. 事故原因分析

首先，实验操作违规。该学生在仪器充气结束后，未将氮气钢瓶的总阀和减压阀关闭，就离开实验室办其他事（用时4~6 min），当他返回实验室关闭总阀和减压阀后回到该仪器旁边时，立即遭遇了爆炸。长时间充气使该仪器内的压力高于其最高许可工作压力，观察窗口的玻璃因无法承受此高压而爆裂。这是发生该次事故的主要原因。

其次，仪器缺少安全防护装置。该仪器的观察窗口较大，直径约为15 cm，且直接面对操作人员，由于缺少安全防护装置，增大了发生伤人事故的可能性。若能为其设置安全防护罩（如设置一个有机玻璃箱，以罩住观察窗口），则可在一定程度上避免因人为误操作致过度充气而发生窗口爆裂的伤人事故。

最后，实验室缺少规范的仪器操作规程。实验室在管理方面存在缺陷，未能提供关于该仪器的规范的操作规程，如操作顺序、差错警示、充气时间、充气压力等。实验室缺少规范的操作规程，会给工作人员违规使用仪器、遗忘操作流程等留下隐患。

（二）试剂储存不当造成的事故

1. 事故过程

2011年10月10日，某大学化学化工实验室药物储柜内的三氯氧磷、氰乙酸乙酯等化学试剂存放不当，遇水自燃，引起火灾。整个四层楼内全部物品烧为灰烬，实验室的电脑和资料全部烧毁，最后导致火灾面积近790 m²，直接财产损失42.97万元。

2. 事故原因分析

实验室西侧操作台有漏水现象，工作人员未将遇水自燃试剂放置在符合安全条件的储存场所，对遇湿易燃物品管理不严。

（三）阿根廷某大学实验室爆炸事故

1. 事故过程

2007年12月，阿根廷中部科尔多瓦省一所大学的实验室发生爆炸，造成20人受伤，其中4人重伤。

消防队员说，燃料着火后实验室外的滚筒发生爆炸。目击者介绍：事发实验室外放着12~15只滚筒，每只滚筒的容量为200 L；1只滚筒从升降机上掉下来裂开，导致挥发性很强的可燃液体流出，从而引发了连环爆炸。

2.事故原因分析

该实验室没有保存乙烷的资质,此举属于严重违规违法。

附:安委会办公室关于高校实验室安全管理工作的会议资讯

(资料来源:中国新闻网)

中新网2019年1月3日电 据国家应急管理部网站消息,1月3日,国务院安委会办公室召开高等学校实验室安全管理工作视频会议。会议指出,要深刻吸取北京某高校"12·26"较大事故教训,进一步推动高校实验室安全管理责任落实。

2018年12月26日,北京某高校土建学院市政与环境工程实验室内进行垃圾渗滤液污水处理科研实验时发生爆炸,3名参与实验的研究生不幸遇难。

会议指出,近年来,高校实验室安全事故时有发生,造成人员伤亡,冲击人民群众和广大师生的安全感,暴露出中国高校实验室管理存在着安全责任不落实、管理制度不健全、危险物品安全管理不到位、实验人员违规操作、相关部门安全监管存在薄弱环节等问题。

会议强调,各高校要加强实验室安全责任体系建设,深化学校、二级院系、实验室三级安全管理责任落实;完善和落实各项管理制度,实现对实验室安全的全过程、全要素、全方位管控;强化对实验室危险物品采购、运输、存储、使用等各环节的管理;加强实验室安全检查,全面排查各环节风险隐患;狠抓安全宣传教育培训,不断提高广大师生安全知识水平。

会议要求,各地区、各部门要立即深入研究制定加强校园安全尤其是实验室安全工作的对策措施,部署开展实验室安全隐患排查治理,对发现的问题隐患,要列出清单,明确责任措施,督促高校照单履责、照单检查、照单整改,实现闭环管理,不断健全完善高校安全管理长效机制。

三、怎样管理实验室

实验室的管理一定要有相应的检测和判定标准,并且要按照规定去严格执行,只有这样才能确保实验室取得最好的科研和实验效果,同时也能最大限度地避免因实验室管理不规范而导致的安全事故。那么具体需要特别注意哪些方面呢?

(一)完善实验室设备

实验室要有良好的通风设施,应安装排气扇等通风装置,以确保良好的通风。实验装置要尽可能合理和密闭化,如采用管道式装置防止气体逸散而污染室内空气。此外,实验室还应配备气体净化设备与排毒、排污、防火设施。实验完成后要及时通风,尽快使实验室内残留的废气排出。

实验桌应由耐酸耐碱的材料制作而成,要坚固耐用,容易清洗。药品橱内和桌面上的药品应分类摆放整齐,一定要贴上标签;一旦有标签脱落,应及时更换。

(二)实验操作安全合理

进行实验操作时,应佩戴防护口罩、手套、护目镜等,动作要小心谨慎。比如:进行细菌接种时,务必戴口罩和手套;接触放射性物质时,应处在安全区内,戴上防护眼镜、围裙等,最好遥控操作;做化学实验时,如有易燃易爆的物品,应禁止使用明火。

（三）妥善处理实验过程中的废弃物

在实验过程中产生的有毒或有腐蚀性的废弃物,不能直接排放到下水道中,原因有二:一是容易腐蚀管道,二是容易造成污染。应将这些污染物收集于废物缸中并进行妥善处理。

如果在实验中接触到某些同位素,实验完毕后应将其统一放置在专门的房间中,直至其半衰期结束,或者上交到相应部门进行统一处理。

（四）加强实验室管理

每个学校都应该派专门的人员负责实验室管理。要及时打扫,保持洁净。特别是在每次实验结束之后,要进行彻底的清理。另外,对学生要严加要求,多强调,帮助他们养成良好的实验习惯。

四、实验室安全事项

（一）实验室基本安全警示

在化学实验中经常会用到各种化学药品、仪器以及水、电、煤气,而且很多化学药品是易燃易爆、有腐蚀性和有毒的。如果不严格遵守操作规程,就有可能造成烫伤、烧伤、失火和中毒事故。党的二十大报告中提出"坚持安全第一、预防为主"。因此,进行实验操作的每个人都要在思想上十分重视安全问题并熟悉相关的安全知识,在实验前应充分了解实验过程中的安全注意事项,集中注意力,严格遵守操作规程,养成良好的工作习惯,绝不能麻痹大意,以避免事故的发生。若发生意外事故,应立即进行紧急处置。

在实验前操作人员应充分了解各种易燃易爆气体和药品的特性、爆炸界限及反应基本特征。如遇湿易燃药品的共性是遇水反应,放出可燃性气体,易发生爆炸。遇湿易燃药品包括以下几类物质:活泼金属(如钾、钠、锂等)及其氢化物;碳的金属化合物,如碳化钙(电石)、碳化铝等;磷化物,如磷化钙等。在进行易燃易爆气体、药品的操作前应仔细阅读安全操作手册。一旦化学药品或气体泄漏,应按照紧急预案冷静处理。

（二）实验室安全常识与要求

（1）一切易燃易爆物质(如酒精、乙醚、丙酮、苯等)的操作都要在远离火源的地方进行;不要用湿的手、物接触电源。水、电、煤气一经使用完毕,立即关闭水龙头、煤气开关,断开电闸。点燃的火柴用后立即熄灭,不得乱扔。

（2）有毒、有刺激性气体的实验要在通风橱内进行。若需借助嗅觉判别少量气体,应用手轻拂,仅使少量气体进入鼻内,不可将鼻子对着瓶口或管口。

（3）加热或浓缩液体时要十分小心,不能俯视正被加热的液体,进行加热时试管管口不能朝向自己或别人。

（4）浓酸、浓碱具有强腐蚀性,切勿使其溅在皮肤或衣服上,特别要注意保护眼睛。稀释它们(特别是浓硫酸)时,应在搅动下将它们慢慢倒入水中,以免因局部过热而溅出引起烧伤。

（5）某些强氧化剂(如氯酸钾、硝酸银、高锰酸钾等)或其混合物不能研磨,否则将引起爆炸。

（6）未经许可任何人不得随意进行实验或随便混合化学试剂；室验室所有仪器和药品不得带出实验室。

（7）操作人员在实验前必须熟悉各类仪器的性能并进行安全检查；实验时应严格执行操作规程，并作必要的安全防护。只要仪器设备在运行中，操作人员就不得离开现场。

（8）严禁在实验室内饮食、吸烟，或把食具带进实验室。

（9）有毒药品（如重铬酸钾、钡盐、铅盐、砷的化合物、汞的化合物，特别是氰化物）不得入口或接触伤口。实验完毕后废液不能随便倒入下水道，应倒入废液缸或教师指定的容器里。

（10）金属汞易挥发，并通过呼吸道进入人体内，逐渐积累会引起慢性中毒。所以，做金属汞的实验应特别小心，不得把金属汞洒落在桌上或地上。一旦洒落，必须尽可能收集起来，并用硫黄粉盖在洒落的地方，使金属汞转变成不挥发的硫化汞。用剩的有毒药品应交还给药品管理人员。

（11）严格按操作规范使用药品和试剂。易燃易爆药品应远离火源，有毒试剂应妥善存放。

（12）实验完毕后产生的废液、废渣应按规定收集、排放或到指定地点进行处理，禁止将废溶剂、反应废液向下水道倾倒。实验完毕后，应将实验台整理干净，洗净双手，确定水、电、煤气开关及门窗都关好后才可离开实验室。

（三）常见意外事故的紧急处理

（1）创伤：伤处勿用手抚摸和用水洗涤，若创伤处有异物，应先从伤处取出。轻伤可涂以紫药水（或红汞、碘酒），必要时撒些消炎粉或敷些消炎膏，用绷带包扎。

（2）烫伤：勿用冷水洗涤伤处。伤处皮肤未破时，可涂擦饱和碳酸氢钠溶液或将碳酸氢钠粉调成糊状敷于伤处，也可抹獾油或烫伤膏；如果伤处皮肤已破，可涂些紫药水或 1% 高锰酸钾溶液，再用烫伤膏（如氧化锌烫伤膏、万花油等）。

（3）酸（或碱）伤：先用大量水冲洗，再用饱和碳酸氢钠溶液（或用 2% 醋酸溶液）洗，最后用水冲洗。如果酸（或碱）液溅入眼中，用大量蒸馏水（或 3% 硼酸溶液）冲洗后，送医院诊治。

（4）溴腐伤：先用乙醇或 10% 硫代硫酸钠清洗伤口，再用蒸馏水洗净并涂上甘油。

（5）磷灼伤：先用 1% 硝酸银溶液、5% 硫酸铜溶液或浓高锰酸钾溶液清洗伤口，然后包扎。

（6）吸入刺激性或有毒气体：吸入氯气、氯化氢气体时，可吸入少量酒精和乙醚的混合蒸气解毒。吸入硫化氢或一氧化碳气体而感到不适时，应立即到室外呼吸新鲜空气。但应注意氯气、溴中毒时不可进行人工呼吸，一氧化碳中毒时不可施用兴奋剂。若毒物进入口内，将 5～10 mL 稀硫酸铜溶液加入一杯温水中内服后，将手指伸入咽喉部，促使呕吐，吐出毒物，然后立即就医。

（7）触电：首先切断电源，必要时采用人工呼吸等急救措施抢救触电者。

（8）起火：一般的小火可用湿布、石棉布或沙子等覆盖燃烧物；大火可使用泡沫灭火器。

若是活泼金属引起的着火,应用干燥的细沙覆盖;若是有机溶剂引起的着火,则用沙子、干粉或二氧化碳灭火器;若是电气设备引起的火灾,只能使用二氧化碳或四氯化碳灭火器,不能使用泡沫灭火器,以免触电。

伤势较重者应立即送医院。

附:实验室急救药箱

（1）红药水　　　　　　　（2）碘酒（3%）　　　　　　（3）烫伤膏

（4）饱和碳酸氢钠溶液　　（5）饱和硼酸溶液　　　　（6）醋酸溶液（<2%）

（7）氨水（5%）　　　　　（8）硫酸铜溶液（5%）　　（9）氯化铁溶液（止血剂）

（10）消炎粉　　　　　　　（11）甘油　　　　　　　　（12）高锰酸钾晶体

另外,消毒纱布、消毒棉（均放在玻璃瓶内,磨口塞紧）、剪刀、氧化锌软膏、棉签等,也是不可缺少的。

五、环境保护与实验室"三废"处理

实验中不可避免地产生某些有毒气体、液体和固体,特别是某些剧毒物质,如果直接排出,就可能污染周围空气和水源,进而损害人体健康。因此,废气、废液、废渣必须经过一定处理,才能排弃。

（1）废气:当化学实验中产生有毒气体时,应在通风橱中进行实验,并根据产生的气体安装吸收装置,进行吸收处理后再排放。

（2）废液:化学实验中常见废液的处理方法见表 1.1-1。

表 1.1-1　化学实验中常见废液的处理方法

废液	处理方法
废酸（或废碱）液	加碱（或酸）中和,调 pH 至 6~8 后可排出
废铬酸洗液	在 110~130 ℃、不断搅拌下加热浓缩冷,冷却至室温,缓缓加入高锰酸钾粉末直至溶液呈深褐色或微紫色,然后加热至有三氧化硫出现,停止加热并通过玻璃砂芯漏斗除去沉淀,冷却后析出红色三氧化铬,再加适量硫酸使其溶解即可重复使用
含氰废液	加氢氧化钠调至 pH>10,再加入几克高锰酸钾使 CN⁻ 氧化分解。量大的含氰废液可先用碱调至 pH>10,再加入漂白粉,使 CN⁻ 氧化成氰酸盐,并进一步分解为二氧化碳和氮气
含汞盐废液	先调 pH 至 8~10,然后加入适当过量的硫化钠,生成硫化汞沉淀,并加硫酸亚铁而生成硫化亚铁沉淀,从而吸附硫化汞共沉淀下来。静置后分离,待清液含汞量降到 0.02 mg·L⁻¹ 以下时可排放
含重金属离子的废液	加碱或加硫化钠把重金属离子变成难溶性的氢氧化物或硫化物而沉积下来,从而过滤分离后排放

（3）废渣:有毒废渣应深埋在指定地点,若废渣溶于水则必须经处理后再埋入,以防止污染地下水;有回收价值的废渣则应回收利用。

六、实验室管理制度示例

第一章　总则

一、目的

校内实验室是学校实践教学的主要场所,为了合理使用实验室资源,充分高效地发挥校内实验室的作用,进一步做好实验管理工作,更好地服务于高职教育教学,特制定本制度。

二、职责

实验室主要用于开展并完成校内外实践教学及相关培训。

三、范围

本管理制度适用于进入学校实验室的所有人员。

第二章　管理职责

一、管理者职责

实验室负责人是实验室使用和现场管理的第一责任人,其职责如下。

(1)负责实验室日常管理,组织安排研发、测试任务。

(2)负责访客接待、外联活动安排。

(3)负责仪器设备、试剂、耗材的申购。

(4)组织实施实验室的改造和仪器设备的安装、调试、保养、维修及报废申请。

(5)管理实验室业务流程,指导分析人员及时、准确地完成各项研发、分析工作。

(6)负责实验室质量控制,审核、监控研发、测试的数据和结果。

(7)指导实验报告和测试报告的编写以及负责实验室的文档管理。

(8)开发与改进实验项目的分析测试方法。

(9)负责实验室工作人员的职责划分、业务培训和学术交流。

(10)负责实验室安全检查以及突发事件处理。

(11)负责监督、检查实验室日常卫生,有权要求本实验室所有相关人员严格执行实验室日常卫生制度。

二、管理员职责

1. 实验室仪器设备管理员的职责

(1)负责仪器设备的验收和台账建档工作。

(2)负责仪器设备的使用、维护、期间核查和周期检定。

(3)负责仪器设备在检定周期内的使用管理和相应检验标识的管理。

(4)负责仪器设备的送检和返回。

(5)负责外出作业时所需仪器设备的调试与准备。

(6)负责对仪器设备供应商进行信用评价。

(7)负责相关检验数量记录与统计。

2. 实验室试剂与耗材管理员的职责

(1)负责试剂的验收、出入库、存储和领用及建立账目归档。

（2）负责耗材的验收、出入库、存储和领用及建立账目归档。

（3）负责试剂及耗材的库房管理。

（4）负责试剂及耗材的过期报废。

（5）负责对试剂及耗材的供应商进行信用评价。

第三章　实验室基础管理

一、基础管理制度

（1）所有进入实验室的人员都必须严格遵守学校实验室的规章制度和管理办法。

（2）所有进入实验室的人员都应服从实验室管理人员的安排，采取必要的安全措施，确保人身及设备的安全。

（3）实验室人员进入实验室应穿着实验工作服，不得将无关人员带入实验室；与实验室工作无关的人员不得擅自进入实验室；外司来访人员如需进入实验室，必须经批准同意后，佩戴统一标识，穿着实验工作服并在实验室管理人员陪同下才能进入实验室。

（4）未经管理人员许可，任何人不得擅自开关、使用和移动实验室的所有仪器设备。实验室仪器设备的租借应按程序办理相关手续。

（5）对于规定预热时间的仪器设备，使用该仪器设备的人员必须提前 1 h 以上预约登记并按仪器设备操作规程正确操作。

（6）不得在实验室内饮食、娱乐和使用化妆品，不能用实验室操作用的容器、器皿盛装食物和饮料，实验室的柜子不可存放与实验无关的物品。

（7）由于责任事故造成仪器设备损坏的，责任人应承担相应的经济赔偿。

（8）禁止在走廊上吸烟或吃东西。

（9）严格、规范管理实验室的钥匙。钥匙的配发应由有关负责人统一管理，不得私自借给他人使用或擅自配制钥匙。

（10）实验工作结束后，必须关好电源、仪器开关。下班前，实验室负责人必须检查操作的仪器及整个实验室的门、窗和不用的水、电、煤气的开关等，并确保关好。

二、工作时间

实验室开放时间为工作日的上午 8：30—12：00，下午 1：00—5：30。在实验室加班，应事先提出申请并经批准，连续工作时应安排人员值守。

第四章　实验室一般伤害的处理

（1）皮肤受强酸或其他酸性药物伤害时，先用大量清水冲洗，再用 5% 碳酸氢钠溶液冲洗，最后用盐水洗净，并敷以碳酸氢钠溶液纱布条。严重者经上述初步处理后送医院就诊。

（2）皮肤受强碱或其他碱性药物伤害时，先用大量清水冲洗，再用 5% 硼酸溶液冲洗，重者可用 2% 醋酸溶液湿敷。严重者经上述初步处理后送医院就诊。

（3）皮肤受溴水伤害时，以大量甘油按摩，使甘油渗入毛孔，再涂以硼酸软膏。严重者经上述初步处理后送医院就诊。

（4）眼睛被碱性物质溅伤后，应立即用生理盐水或大量干净水彻底冲洗眼睛至少 10 min，再用 4% 硼酸溶液冲洗，后用生理盐水冲洗，并滴以抗生素眼药以防止感染。严重者经上述初步处理后送医院就诊。

（5）眼睛被强酸溶液溅伤后,应迅速用清水冲洗,然后送医院就诊。

第五章　实验室仪器设备管理

（1）实验室仪器设备及耗材的采购应按学校有关程序办理,临时购置须提前一周提出计划并报批。对采购的仪器设备应做好入库检验,办理入库、领用等手续,并做好仪器设备的档案管理工作。

（2）各实验室应安排专人负责仪器设备的管理、运行、维护、保养和操作使用。大型仪器设备应统一管理,集中使用。凡因实验需要领用贵重、精密仪器设备的,须经实验室负责人签字批准。

（3）实验室所有仪器设备的操作人员必须经过专门培训且合格后方能操作、使用仪器设备。

（4）认真贯彻执行国家计量法的有关规定,对使用的仪器设备应定期检定。

（5）实验室仪器设备由实验室以外人员领用、借用时,须按规定办理相关手续并经批准后到实验室负责人处领用、借用。

（6）实验室仪器设备发生事故时,操作人员应立即向实验室负责人报告,并写出事故报告。所有仪器设备的故障、维修及解决过程均须记录备案。

（7）因技术落后、损坏严重、维护费用过高而失去修复和使用价值的仪器设备,由操作人员书面提出报废申请,经实验室负责人和系部领导审核后,报分管的副校长审批,报废贵重、精密仪器设备必须报学校校长审批。

（8）凡不按制度办事、不遵守操作规程,造成仪器设备损坏、遗失、浪费的人员,应根据损失大小、情节轻重等给予适当的行政处分或经济处罚。

第六章　实验室试剂管理

（1）管理人员应严格执行试剂管理制度,建立试剂各类账册。试剂购进后,应及时验收、记账,使用后及时销账,做到试剂的安全保管和使用领取。

（2）试剂管理人员负责实验室操作人员对试剂的安全使用。实验室操作人员应准确掌握试剂的使用方法,防止出现误操作。

（3）实验室所采购的试剂必须保证质量合格,要有计划地购进,不得使用过期、变质和失效的试剂。

（4）对需要自行配制的试剂,应严格按配制作业指导书或操作规程进行配制,并贴上标识,注明试剂名称、浓度、配制时间、有效期及配制人。

（5）试剂必须根据物理化学性质分类存放。所有试剂都必须有明显的标识,注明其名称、规格、浓度。长期不用的试剂应放到储藏室统一管理。试剂的使用、存放应严格遵照以下规定。

①应根据试剂的不同情况选择相应的温度存放。

②在存放试剂时,要登记试剂的有效期。

③危险试剂应设专人负责管理,其标签必须完整、清楚,管理人员要做好领用、使用等

记录。

④酸和碱、氧化剂和还原剂以及其他能相互作用的试剂不应存放在一起,以防变质、失效或燃烧。

⑤挥发性试剂应于阴凉避光处保存,严禁日光直接照射。

⑥易爆炸的试剂应存放在有缓冲液体的容器内,以防撞击和剧烈震动而引起爆炸。

⑦使用有挥发性的强酸、强碱以及有毒气体时,应在通风橱内开启瓶塞。无通风橱时,应在空气流通处开启瓶塞,人站在上风向,眼应侧视,操作迅速,用毕立即塞紧瓶塞。

⑧一般试剂放置原则:固体与液体要分开放置,氧化剂与还原剂要分开放置,酸与碱要分开放置,易燃易爆药品试剂要远离电源、明火等。

第七章　实验室卫生管理

(1)严格落实卫生责任制。实验室内卫生要定期打扫,保持实验室窗明台净、地面无可见污渍、仪器摆放整齐、实验台面一尘不染。每日实验结束后应及时清理废物桶和水池、管道,防止堵塞和腐蚀。

(2)实验人员上岗操作时,应按相关规定佩戴标识,穿着实验服、帽、鞋套等。

(3)实验用过的仪器设备应及时清洗、清洁以确保干净,并放回指定位置;试剂按指定位置存放。人员不得滞留实验现场。

(4)实验室内、门口处及走廊上不准堆放杂物,要求整洁、通畅。必要时应保证实验室内恒温(20~25 ℃)、恒湿(相对湿度 65%~85%)、无尘、无震动、通风良好。

(5)对实验过程中产生的“三废”,应按相关规定妥善处理;剧毒废弃物由实验室统一处理,不得私自倾倒。

任务 1-2　实验报告编写规范

一、了解学习实验技术的目的与方法

(一)学习实验技术的目的

化学实验技术的学习,旨在使学生掌握化学实验的基本操作方法和技能技巧,学会正确观察和记录现象,学会归纳、综合和处理实验结果,更为重要的是培养学生认真、刻苦、严谨、求实的科学态度,使他们掌握从事科学研究的基本实验技能和方法,培养他们独立思考和独立工作的能力,为今后从事创新性研究奠定一个良好的基础。

(二)学习实验技术的方法

要达到上述学习目的,不仅要有正确的学习态度,还要有正确的学习方法。化学实验技术的学习大致可分为下列三个步骤。

1. 预习

为了使实验获得良好的效果,必须进行认真的预习。具体来说,预习主要包括认真阅读实验教材、教科书和参考资料中的有关内容,明确实验目的,了解实验内容、实验步骤、相关仪器操作过程及注意事项,并写好预习报告。实验前,若指导教师发现学生预习不充分,可让学生在了解实验内容之后再进行实验。

2. 实验

实验前通过教师讲解、示范、提问和学生讨论相结合的方式,进一步明确实验原理、操作要点和注意事项等,做到心中有数;在实验过程中,严格遵守实验室规章制度,根据实验预定的方法、步骤和试剂用量独立操作,细心观察,并及时、如实地做好详细记录;如果发现实验现象和理论不符合,应认真分析和检查其中原因,可通过重做实验或做对照实验、空白实验、自行设计的实验来核对和验证,从中得出有益的科学结论和学到科学思维的方法;在实验全过程中应勤于思考,仔细分析,力争自己解决问题,当遇到疑难问题而自己难以解决时,可提请教师指点;在实验过程中应保持肃静,注意爱护仪器,节约药品、水、电和煤气,保证实验室的卫生和安全。

3. 编写实验报告

科学做完实验之后,应对实验现象进行解释并得出结论,或对实验数据进行处理和计算。把实验的目的、方法、过程、结果等记录下来,经过整理,写成书面汇报,即为实验报告。实验报告主要用途是帮助学生总结实验资料。应独立完成实验报告,并交指导教师审阅。

二、实验报告书写规范

1. 概述

实验报告的书写是一项重要的基本技能训练。它不仅是对每次实验的总结,更重要的是可以初步地培养和训练学生的逻辑归纳能力、综合分析能力和文字表达能力,是科学论文写作的基础。因此,参加实验的每位学生均应及时、认真地书写实验报告。实验报告要求内容实事求是,分析全面具体,文字简练通顺,誊写清楚整洁。若有实验现象、解释、结论、数据、计算等不符合要求或实验报告写得草率者,应重做实验或重写报告。

2. 实验报告内容与格式

一份全面、翔实的实验报告应包括如下内容。

(1)实验名称。要用最简练的语言反映实验的内容。如验证某程序、定律、算法,可写成"验证×××""分析×××"。

(2)所属课程名称。

(3)学生姓名、学号及合作者。

(4)实验日期(年、月、日)和地点。

(5)实验目的。实验目的要明确:从理论层面,验证定理、公式、算法,并获得深刻和系统的理解;从实践层面,掌握使用实验设备的技能技巧和程序的调试方法。一般需说明是验证型实验还是设计型实验,是创新型实验还是综合型实验。

(6)实验内容。这是实验报告极其重要的组成部分。要抓住重点,可以从理论和实践两个方面考虑。这部分要写明依据何种原理、定律、算法或操作方法进行实验,并详细写明理论计算过程。

(7)实验环境和器材。包括实验用的软件、硬件、环境条件及实验器材。

（8）实验步骤。只写主要操作步骤，不要照抄实习指导，要简明扼要。此外，还应画出实验流程图（实验装置的结构示意图），再配以相应的文字说明，这样既可以节省文字，又能使实验报告简明扼要，清楚明白。

（9）实验结果。包括实验现象的描述、实验数据的处理等。原始资料应附在实验主要操作者的实验报告上，同组的合作者要复制原始资料附在自己的实验报告上。

对于实验结果的表述，一般有三种方法。

①文字叙述：根据实验目的将原始资料系统化、条理化，用准确的专业术语客观地描述实验现象和结果，要有时间顺序以及各项指标在时间上的关系。

②图表：用表格或坐标图的方式使实验结果突出、清晰，便于相互比较，尤其适合分组较多，且各组观察指标一致的实验，使组间差异一目了然。每一图表都应有表目和计量单位，应说明一定的中心问题。

③曲线图：应用记录仪器描记出曲线图，使指标的变化趋势形象生动、直观明了。

在实验报告中，可任选其中一种或几种方法并用，以获得最佳效果。

（10）讨论。根据相关的理论知识对所得到的实验结果进行解释和分析。如果所得到的实验结果和预期的结果一致，那么它可以验证什么理论？实验结果有什么意义？说明了什么问题？这些都是实验报告应该讨论的。但是，不能将已知的理论或生活经验硬套在实验结果上，更不能由于所得到的实验结果与预期的结果不符而随意取舍甚至修改实验结果，这时应该分析实验结果异常的可能原因。如果实验失败了，应找出失败的原因及以后实验应注意的事项。不要简单地复述课本上的理论而缺乏自己主动思考的内容。另外，也可以写一些本次实验的心得以及提出一些问题或建议等。

（11）结论。结论不是具体实验结果的再次罗列，也不是对今后研究的展望，而是对这一实验所能验证的概念、原则或理论的简明总结，是从实验结果中归纳出的一般性、概括性的判断，要简练、准确、严谨、客观。

（12）鸣谢。在实验中受到他人的帮助，要在报告中表示感谢。

（13）参考资料。要详细列举在实验中所用到的参考资料。

基本技能实验报告可以在以上基础上适当取舍，一般包括以下几部分：

（1）实验名称、实验日期，如非独立完成的实验，应注明合作者；

（2）实验目的；

（3）实验原理；

（4）所用仪器、试剂；

（5）实验步骤（尽量以图、表格、化学式、符号等表示）；

（6）实验现象的记录及解释，或实验数据的测定及处理；

（7）实验总结及讨论。

实验报告参考模板如图 1.2-1 所示。

实验报告

姓名		班级		学号	
实验名称					
实验目的					
实验原理					
所用仪器与试剂					
实验过程					
实验结果					
思考题及讨论					

图 1.2-1　实验报告参考模板

任务 1–3　实验数据处理

一、误差

定量分析要求分析结果有一定的准确度,但在实际分析过程中,即使是技术很熟练的分析工作者用最成熟的方法、很精密的仪器对同一样品进行多次测定,得到的分析结果也不可能与真实值完全一致,而且各测量值之间也有微小的差异。这表明在分析测量过程中,误差是客观存在、不可避免的,技术的提高只能使分析结果更接近真实值,而不能达到真实值。了解误差产生的原因,有助于人们采取相应的对策减小误差,提高分析结果的准确度。

（一）误差的分类

1. 系统误差

系统误差是由某个固定原因造成的,它具有单向性,即正负、大小都有一定的规律性,当重复测定时会重复出现。若能找出原因并设法加以测定,就可以将其消除,因此系统误差也称可测误差、恒定误差。根据系统误差的来源,可以将其分为方法误差、仪器误差、试剂误差及操作误差等。

方法误差是指由分析方法本身造成的误差。如重量分析中沉淀的溶解、共沉淀现象,滴定分析中反应进行不完全、滴定终点与化学计量点不符等，都会系统地影响测定结果，使其偏高或偏低。选择其他方法或对方法进行校正可克服方法误差。仪器误差来源于仪器本身，如天平砝码长期使用后质量改变、容量仪器体积不准确等。对仪器进行校准可克服仪器误差。试剂误差是由不纯的试剂或蒸馏水引起的误差。采用做空白实验及使用高纯度水等方法，可以克服试剂误差。操作误差是由操作人员因主观原因造成的，如对终点颜色敏感性不同，总是偏深或偏浅。通过加强训练，可减小此类误差。

2. 偶然误差

偶然误差又称随机误差，是由某些难以控制、无法避免的偶然因素造成的，其大小、正负都不固定。如天平及滴定管读数的不确定性，电子仪器显示读数的微小变动，操作中温度、湿度的变化，灰尘、空气的扰动，电压、电流的微小波动等，都会引起测量数据的波动。

系统误差和偶然误差的划分不是绝对的，它们有时能够相互转化。

3. 过失误差

过失误差不同于上述两种误差。它是由于操作人员粗心大意或违反操作规程所产生的错误，如溶液溅失、沉淀穿滤、读数记错等。一旦出现过失，则不论该次测量结果如何，都应在实验记录上注明，并舍弃不用。

（二）误差和偏差的表示方法

1. 准确度与误差

分析结果的准确度是指测定值与被测组分的真实值之间的接近程度。分析结果与真实值之间差别越小，分析结果的准确度越高。

准确度的高低用误差来衡量。误差可用绝对误差和相对误差来表示。绝对误差（E）是测定值 x_i 与真实值 μ 之差，即

$$E = x_i - \mu$$

相对误差（E_r）反映绝对误差在真实值或测定值中所占的比例，即

$$E_r = E/\mu \times 100\%$$

误差小，表示结果与真实值接近，测定准确度高；反之，则测定准确度低。绝对误差和相对误差都有正负值，其中正值表示分析结果偏高，负值表示分析结果偏低。相对误差的应用更具有实际意义，因而更常用。

由于真实值是不可能测得的，在实际工作中往往用标准值代替真实值。标准值是指采用多种可靠的方法、由具有丰富经验的分析人员反复多次测定得出的比较准确的结果。有时可将纯物质中元素的理论含量作为真实值。

2. 精密度与偏差

在实际工作中真实值常常是不知道的，因此无法求出误差，也就无法确定分析结果的准确度。

在这种情况下分析结果的好坏可用精密度来判断。精密度是指一个试样几次平行测定结果相互接近的程度。精密度表明测定数据的再现性。精密度的高低用偏差来衡量。各次测量值与平均值之差称为偏差。它表示一组平行测定数据相互接近的程度。偏差越小，测定值的

模块一 实验室基础知识

精密度越高。偏差有绝对偏差和相对偏差之分。

绝对偏差为

$$d_i = x_i - \overline{x}$$

相对偏差为

$$d_r = \frac{d_i}{\overline{x}} \times 100\%$$

平均值($\overline{x}$)实质上代表测定值的集中趋势,而各种偏差实质上代表测定值的分散程度。分散程度越小,精密度越高。

偏差常用平均偏差($\overline{d}$)、相对平均偏差($\overline{d}_r$)和标准偏差(S)、相对标准偏差(RSD)表示。平均偏差指各次测量值的绝对偏差绝对值的平均值。相对平均偏差指平均偏差占平均值的百分率。标准偏差指多次平行测定值(测定次数或样本数 $n \leqslant 20$)偏离平均值的距离的平均数,它是方差的算术平方根。相对标准偏差指标准偏差占平均值的百分率,又称为变异系数(CV),通常用 RSD 表示。其计算公式列举如下。

$$\overline{d} = \frac{\sum\limits_{i=1}^{n} |x_i - \overline{x}|}{n}$$

$$\overline{d}_r = \frac{\overline{d}}{\overline{x}} \times 100\% = \frac{\sum\limits_{i=1}^{n} |x_i - \overline{x}|}{n\overline{x}} \times 100\%$$

$$S = \sqrt{\frac{\sum\limits_{i=1}^{n} (x_i - \overline{x})^2}{n-1}}$$

$$RSD = \frac{S}{\overline{x}} \times 100\%$$

实验过程中的各种测量数据及有关现象,应及时、准确而清楚地记录下来。记录实验数据时,要有严谨的科学态度,要实事求是,切忌夹杂主观因素,决不能随意拼凑和伪造数据。

二、有效数字及其修约规则

(一)有效数字

所谓有效数字就是实际上能测得的数字,一般由可靠数字和可疑数字两部分组成。在反复测量一个量时,其结果中总是有几位数字固定不变,称之为可靠数字。可靠数字后面出现的数字,在各次单一测定中常常是不同的、可变的。这些数字欠准确,往往是由操作人员估计得到的,因此为可疑数字。

从可疑数字算起,到该数的左起第一个非零数字的数字个数称为有效数字的位数。

例如:用分析天平称取试样 0.641 0 g,这里 0.641 0 是一个四位有效数字,其中前面三位数字为可靠数字,最末一位数字是可疑数字,且最末一位数字有 ±1 的误差,即该样品的质量在(0.641 0 ± 0.000 1)g 之间。

（二）有效数字的修约规则

在数据记录和处理过程中，往往会遇到一些精密度不同或位数较多的数据。由于测量中的误差会传递到结果中，为使计算简化，可按修约规则对数据进行保留和修约。按照《数值修约规则与极限数值的表示和判定》（GB/T 8170—2008），有效数字的修约规则，简而言之，就是"六入四舍五成双"。详见表 1.3-1。

表 1.3-1　数值修约规则

修约规则	修约实例		说明
	修约前	修约后	
1.六要入	5.726 1	5.73	包括 6 及 6 以上
2.四要舍	5.724 1	5.72	包括 4 及 4 以下
3.五后有数就进一， 　五后无数看左方； 　左为奇数需进一， 　左为偶数全舍光	5.725 1 5.735 5.725	5.73 5.74 5.72	即或进或舍，以结果为偶数为准。另外，"0"为偶数
4.不论修约多少位，都要一次修停当	5.734 67	5.73	不要依次修约，如 5.734 67 → 5.735 → 5.74

（三）有效数字的运算

1. 加减法

先按小数点后位数最少的数据保留其他各数的位数，再进行加减计算，计算结果的小数点后保留相同的位数。

例：计算 50.1 + 1.45 + 0.581 2 的值。

修约为 50.1 + 1.4 + 0.6，计算结果为 52.1。

先修约，计算简捷，且计算结果的小数点后得留相同的位数。

例：计算 12.43 + 5.765 + 132.812 的值。

修约为 12.43 + 5.76 + 132.81，计算结果为 151.00。

注意：用计算器计算后，屏幕上显示的是 151，但不能直接记录该数，否则会影响以后的修约；应在数值后添小数点和两个 0，使小数点后有两位有效数字。

2. 乘除法

先按有效数字最少的数据保留其他各数的位数，再进行乘除运算，计算结果仍保留相同位数的有效数字。

例：计算 0.012 1 × 25.64 × 1.057 82 的值。

修约为 0.012 1 × 25.6 × 1.06，计算结果为 0.328 345 6，最终结果仍保留三位有效数字，故记录为 0.012 1 × 25.6 × 1.06 = 0.328。

注意：用计算器计算出结果后，要按照运算规则对结果进行修约。

例：计算 2.504 6 × 2.005 × 1.52 的值。

修约为 $2.50 \times 2.00 \times 1.52$,计算器计算结果显示为 7.6,只有两位有效数字,但抄写时应在数字后加一个 0,保留三位有效数字,即 $2.50 \times 2.00 \times 1.52 = 7.60$。

（四）实验数据结果的表示方法

取得实验数据后,应对其进行整理、归纳,并以简明的方法表示实验结果。表示方法有列表法、作图法和数学方程表示法三种,可根据具体情况选择使用。最常用的是列表法和作图法。

1. 列表法

将实验数据中的自变量和因变量数值按一定形式和顺序一一对应列成表格,这种表示方法称为列表法。列表法简单易行,形式紧凑,便于参考比较;在同一表格内,可以同时表示几个变量的变化情况。实验的原始数据一般采用列表法记录。列表时应注意以下几点。

（1）一个完整的数据表应包括表的序号、名称、项目、说明及数据来源。

（2）原始数据表格应记录包括重复测量结果在内的每个数据,在表内或表外适当位置应注明大气压、温度、日期与时间、仪器与方法等条件。直接测量的数值可与处理的结果并列放在一张表中,必要时在表的下方注明数据的处理方法或计算公式。

（3）将表分为若干行,每一个变量占一行,每一行中的数据应尽量化为最简单的形式,一般为纯数。根据物理量 = 数值 × 单位的关系,将量纲、公共乘方因子放在第一栏名称下,以物理量的符号除以单位符号的形式来表示,如 V/mL、p/kPa、T/K 等。

（4）表中所列数值的有效数字要记至第一位可疑数字;每一行所记录的数字要排列整齐,同一列数字的小数点要对齐,以便互相比较。数值为零时应记作"0",数值空缺时应补一字线"—";如用科学计数法表示,可将 10 的 n 次方放在行名旁,但此时指数的正负号应互换,如测得的 K_a 为 1.75×10^{-5},则行名可写为 $K_a \times 10^5$。

（5）自变量通常取整数或其他方便的值,其间距最好均匀,并按递增或递减的顺序排列。

2. 作图法

将实验数据按自变量与因变量的对应关系绘制成图形,这种表示方法称为作图法。作图法可以形象、直观地表示出数据连续变化的规律性,以及如极大点、极小点、转折点等特征。从图上可求得内插值、外推值、切线的斜率以及变化周期等,便于分析和研究。因此,作图法是整理实验数据的一种重要方法。

为了得到与实验数据偏差最小而又光滑的曲线图形,作图时必须遵照以下规则。

（1）图纸的选择。通常用直角坐标纸,有时也用半对数坐标纸或对数坐标纸,在表达三组分体系相图时,则选用三角坐标纸。

（2）坐标轴及分度。习惯上以横坐标表示自变量,纵坐标表示因变量;每个坐标轴都应注明名称和单位;纵坐标左面自下而上及横坐标下面自左向右每隔一定距离标出该处变量的数值。要选择合理的比例尺,使各点数值的精度与实验测量的精度相当。坐标分度以 1、2、4、5 等表示最为方便,不宜采用 3、6、7、9 或小数等。通常可不必拘泥于以坐标原点作为分度的零点。曲线若系直线或近乎直线,则应使图形位于坐标纸的中央位置或对角线附近。

（3）作图点的标绘。把数据标点在坐标纸上时,可用点圆、方块、三角或其他符号标注于图中,各符号中心点及面积大小要与所测数据及其误差相适应,不能过大或过小。若需在一张图上表示几组不同的测量值,则各组数据应分别选用不同形式的符号,以示区别,并在图上注明不同的符号各代表何种情况。数据点上不要标注数据,实验报告中应有完整的数据表。

(4)绘制曲线。如果实验点之间呈现直线关系,用铅笔和直尺依各点的趋向,在点群之间画直线,注意应使直线两侧点数近乎相等,使各点与曲线距离的平方和最小。

对于曲线,一般在其平缓变化部分,测量点可取得少些,但在关键点,如滴定终点、极大点、极小点以及转折点附近等变化较大的区间,应适当增大测量点的密度,以保证曲线所表示的规律是可靠的。

描绘曲线时,一般不必通过图上所有的点(包括两端的点),但应力求使各点均匀地分布在曲线两侧。对于个别远离曲线的点,应检查测量和计算中是否有误,最好重新测量,如原测量和计算确实无误,就应予以重视,并在该区间内重复进行更仔细的测量以及适当增大该点两侧测量点的密度。

作图时先用硬铅笔(2H)沿各点的变化趋势轻轻描绘,再以曲线板逐段拟合手描线的曲率,绘出光滑的曲线。

目前,随着计算机的普及,很多软件都有作图的功能,应尽量使用。但在利用微机作图时,也要遵循上述原则。

三、例题实练

例:测定食盐中氯的含量,得到两组实验数据:第一组为 60.25、60.20、60.18、60.24、60.23、60.25、60.22、60.19、60.24、60.20;第二组为 60.22、60.23、60.15、60.24、60.21、60.20、60.27、60.20、60.25、60.23。

请分别计算两组数据的平均偏差、标准偏差和变异系数,并说明两组数据精密度的优劣。

解:计算第一组数据:

$$\bar{x} = \frac{60.25+60.20+60.18+60.24+60.23+60.25+60.22+60.19+60.24+60.20}{10} = 60.22$$

$$\bar{d} = \frac{\sum_{i=1}^{n}|x_i-\bar{x}|}{n} = \frac{|60.25-60.22|+|60.20-60.22|+|60.18-60.22|+\cdots+|60.20-60.22|}{10}$$

$$= 0.022$$

$$S = \sqrt{\frac{\sum_{i=1}^{n}(x_i-\bar{x})^2}{n-1}} = \sqrt{\frac{0.03^2+(-0.02)^2+(-0.04)^2+\cdots+(-0.03)^2+0.02^2+(-0.02)^2}{10-1}}$$

$$= 0.026$$

$$RSD = \frac{S}{\bar{x}}\times100\% = \frac{0.026}{60.22}\times100\% = 0.04\%$$

同理计算第二组数据:

$$\bar{x} = 60.22$$

$$\bar{d} = 0.044$$

$S = 0.033$

$RSD = 0.05\%$

综上,虽然两组数据平均值相等,但第一组数据的精密度优于第二组。

模块二 实训室常用仪器设备认知和玻璃仪器的洗涤与干燥

【学习目标】

1. 认识实训室常见的仪器，了解常见仪器的规格及用途；
2. 熟悉玻璃仪器洗涤干净的标准，掌握玻璃仪器洗涤的方法；
3. 熟悉玻璃仪器干燥的方法并能正确选择干燥的方法。

任务 2-1 实训室常用仪器设备认知

知识链接

一、常用玻璃仪器

实训室中经常要使用各种玻璃仪器，它们的性能、用途、使用条件各不相同。掌握常用玻璃仪器的正确使用方法，对于保证实验结果的准确性具有重要的意义。玻璃仪器的种类很多，按用途大致可以分为容器、量器和其他仪器。

容器包括试剂瓶、烧杯、烧瓶等。根据它们能否受热又可将其分为可加热的容器和不宜加热的容器。

量器包括量筒、移液管、滴定管、容量瓶等。量器一律不能受热。

其他仪器包括具有特殊用途的玻璃仪器，如分液漏斗、干燥器、冷凝管、分馏柱、砂芯漏斗、标准磨口玻璃仪器等。

（一）普通玻璃仪器

实训室常见普通玻璃仪器的外观、名称、规格、主要用途及使用注意事项见表 2.1-1。

表 2.1-1 实训室常见玻璃仪器的外观、名称、规格、主要用途及使用注意事项

外观	名称	规格	主要用途	使用注意事项
	烧杯	容量（mL）：10、15、25、50、100、250、500、1 000	用于配制溶液、溶解样品等	加热时应置于石棉网上，使其受热均匀，一般不可烧干

外观	名称	规格	主要用途	使用注意事项
	锥形瓶	容量（mL）：50、100、250、500、1 000	用于加热处理试样和滴定分析操作	除有与上相同的要求外,磨口锥形瓶加热时要打开塞;非标准磨口要保持原配塞
	碘瓶	容量（mL）：50、100、250、500、1 000	用于碘量法或其他生成挥发性物质的定量分析	同上
	圆（平）底烧瓶	容量（mL）：50、100、250、500、1 000	用于加热及蒸馏液体,也可作为少量气体发生反应器	一般避免直火加热,隔石棉网或用各种加热浴加热
	圆底蒸馏烧瓶	容量（mL）：50、100、250、500、1 000	用于蒸馏液体	一般避免直火加热,隔石棉网或用各种加热浴加热
	表面皿	直径（mm）：45、60、75、90、100、120	用于盖烧杯及漏斗等	不可直火加热;直径要略大于所盖容器
	培养皿	直径（mm）：60、75、90、100	用于培养细菌或作为器皿使用	使用前要经过清洁消毒
	滴管	容量（mL）：1、2、5、10	用于吸取少量试剂	溶液不得吸进橡胶头内;用后立即清洗内外壁
	试管[（a）为普通试管,（b）为离心试管]（a）　（b）	容量（mL）：普通试管10、20;离心试管5、10、15	普通试管用作反应容器,便于操作和观察,用药量少;离心试管用于少量沉淀分析	反应液体不超过普通试管容积的一半,加热时不超过1/3;离心试管不能加热
	称量瓶（高型）	容量（mL）：10、20	用于称量基准物、样品	不可盖紧磨口塞烘烤;磨口要保持原配塞
	称量瓶（低型）	容量（mL）：15、30	用于测定干燥失重或在烘箱中烘干基准物	不可盖紧磨口塞烘烤;磨口要保持原配塞
	试剂瓶（细口瓶）	容量（mL）：30、60、125、250、500、1 000、2 000 等	分为无色和棕色两种,用于存放液体试剂,其中棕色瓶用于存放见光易分解的试剂	不能加热;不能在瓶内配制在操作过程中放出大量热量的溶液;磨口要保持原配塞;放碱液的瓶子应使用橡胶塞,以免日久打不开
	试剂瓶（广口瓶）	容量（mL）：30、60、125、250、500、1 000、2 000 等	分为无色和棕色两种,用于装固体试剂,其中棕色瓶用于存放见光易分解的试剂	不能加热;磨口要保持原配塞

外观	名称	规格	主要用途	使用注意事项
	滴瓶（胶冒滴瓶）	容量（mL）：30、60、125、250、500、1 000、2 000等	分为无色和棕色两种，用于装需滴加的试剂，其中棕色瓶用于存放见光易分解的试剂	不能加热；不能在瓶内配制在操作过程中放出大量热量的溶液
	下口放水瓶	容量（mL）：2 500、5 000、10 000	用于贮存蒸馏水和各种试剂溶液	不能加热；不能在瓶内配制在操作过程中放出大量热量的溶液
	漏斗	长颈（mm）：口径50、60、75，管长150短颈（mm）：口径50、60，管长90、120	长颈漏斗用于定量分析中的沉淀过滤；短颈漏斗用于一般过滤	不能用火直接灼烧；过滤时，漏斗的尖端必须紧靠盛接滤液的容器
	分液漏斗（球形、梨形、筒形）	容量（mL）：50、100、250、500、1 000	用于分开两种互不相溶的液体；用于萃取分离和富集（多用梨形）；在制备反应中用于滴加液体（多用球形）	不能加热；磨口旋塞必须是原配塞子；漏水的漏斗不能使用
	量杯、量筒	容量（mL）：5、10、25、50、100、250、500、1 000、2 000	用于粗略地量取一定体积的液体	不能加热；不能在其中配制溶液；不能在烘箱中烘烤；操作时要沿壁加入或倒出溶液
	容量瓶	容量（mL）：10、25、50、100、250、500、1 000	分为无色和棕色两种，用于配制标准液，其中见光易分解的溶液用棕色瓶配制	不能加热；不能代替试剂瓶存放溶液；瓶塞与瓶是配套的，不能互换
	吸管[（a）为有分度的吸量管，（b）为无分度的移液管]	容量（mL）：吸量管0.1、0.2、0.5、1、2、5、10；移液管1、2、5、10、15、20、25、50、100	用于精确地移取一定体积的液体	用后立即洗净；不能放在烘箱中烘干
	滴定管（碱式）	容量（mL）：25、50、100	分为无色和棕色两种，用于容量分析滴定操作；见光易分解的滴定液用棕色滴定管	漏水的不能使用；不能加热；不能长期存放碱液；不能存放能与橡胶反应的滴定液

外观	名称	规格	主要用途	使用注意事项
	滴定管（酸式）	容量（mL）：25、50、100	分为无色和棕色两种，用于容量分析滴定操作；见光易分解的滴定液用棕色滴定管	活塞必须是原配的；漏水的不能使用；不能加热
	自动滴定管	滴定管容量 25 mL，储液瓶容量 1 000 mL，量出式	自动滴定；可用于滴定液需隔绝空气的操作	除有与一般滴定管相同的要求外，注意成套保管；另外，需要打气用双连球
	比色管	容量（mL）：10、25、50、100	用于定量分析操作	不能加热；塞子必须是原配的
	干燥器	直径（mm）：150、180、210	分为无色和棕色两种，用于保持烘干或灼烧过的物质的干燥，也可干燥少量制备的产品；易分解的药品用棕色干燥器	底部放变色硅胶或其他干燥剂，盖子磨口处涂适量凡士林；不可将红热的物体放入，放入热的物体后要时时开盖，以免盖子跳起或冷却后打不开盖子
	真空干燥器	直径（mm）：150、180、210	分为无色和棕色两种，除上述干燥器的用途外，主要用于不能使用干燥剂的物质的干燥	同上
	酒精灯	容量（mL）：30、60、150、250	用于加热物质	用火柴点燃，绝不能用另一个燃着的酒精灯点燃；用灯帽将火熄灭，不能用嘴吹
	研钵	直径（mm）：45、60、75、90、100、200	用于研磨固体试剂及试样等；不能研磨与玻璃作用的物质	不能撞击；不能烘烤
	抽滤瓶	—	抽滤时接收滤液	属于厚壁容器，能耐负压；不可加热

外观	名称	规格	主要用途	使用注意事项
	熔点管	直径(mm):24 细管直径(mm):10	用于测定固体物质的熔化温度	浴液装至上叉管高处
	密度瓶	容量(mL):5、10、25、50	用于测定液体密度	干燥时不能烘烤
	水银温度计	测量范围(℃):0~50、0~100、0~150、0~250、0~300	用于测温	使用前应进行校验;不允许用于超过该种温度计最大刻度值的温度的测量;不可作为搅拌棒使用;用后不可立即用自来水冲洗,以免炸裂,要缓慢冷却至室温,再用自来水冲洗;洗净的温度计干燥后,要妥善保存在套管内,以防碰碎
(a)　(b)　(c)	密度计[(a)为糖液计,(b)为酒精密度计,(c)为石油密度计]	测量范围(度):糖液计0~100;酒精密度计(3支一组)0~40、40~70、70~100	(a)用于测定糖液中所含糖的质量分数 (b)用于测定酒精水溶液中酒精的质量分数 (c)专用于石油产品的密度测定	使用前先检查刻度标尺和压载物是否移动;使用时将被测溶液置于量筒中,用手拿密度计的干管顶端将其轻轻地放入被测溶液中;密度计不能与量筒壁和量筒底接触;稳定后读数

上述玻璃仪器中,烧杯、试管等使用时可以加热。厚玻璃器皿(如抽滤瓶、量筒等)不耐热。锥形瓶不耐压,不能在减压条件下使用。广口容器(如烧杯等)不能储存易挥发的有机溶剂。带活塞的玻璃器皿用过并清洗后,要在活塞和磨口之间垫上纸片,以防止长时间放置发生粘连。如磨口已被粘住,可在外壁吹热风或用水煮,使外部玻璃膨胀,然后趁热轻轻敲打塞子使其松开。

(二)标准磨口玻璃仪器

标准磨口玻璃仪器,简称磨口仪器,是具有标准内磨口和外磨口的玻璃仪器。标准磨口玻璃仪器是根据国际通用技术标准制造的,国内已经普遍生产和使用。使用时根据实验的需要选择合适的容量和口径。相同编号的磨口仪器,口径是统一的,连接是紧密的,使用时可以互换,因此用少量的仪器可以组装多种不同的实验装置。磨口仪器通常应用在有机化学实验中,目前常用的是锥形标准磨口玻璃仪器,其锥度为 1∶10,即轴向长度为 10 mm 时,锥体大端直径与小端直径之差为 1 mm。根据需要将标准磨口制成不同的大小。通常以整数数字表示标准磨口的系列编号,这个数字是锥体大端直径(以 mm 为单位)最接近的整数。常用标准磨口系列见表 2.1-2。

表 2.1-2　常用标准磨口系列

编号	10	12	14	19	24	29	34
口径(大端)/mm	10.0	12.5	14.5	18.8	24.0	29.2	34.5

有时也用 D/H 表示标准磨口的规格,如 14/23,即大端直径为 14.5 mm,锥体长度为 23 mm。

各类仪器的编号因厂而异。现以某厂生产的产品为例,介绍一种编号方法。

例 1:三颈烧瓶规格为 500 mL,中口直径为 29 mm,两个支口直径为 24 mm,其编号为 4/500/24,29,24。编号的顺序依次为:仪器或配件的类别、仪器或配件的规格、标准磨口的规格。按照排列次序从左到右,4 表示该厂的编号,500 表示三颈烧瓶的容量为 500 mL,24、29、24 表示支口、中口、支口的直径分别为 24 mm、29 mm、24 mm。

例 2:300 mm 长、磨口直径为 24 mm、磨口高度为 29 mm 的直形冷凝管,其管身编号为 300 mm,磨口处编号为 24/29。

下面介绍一些常见的标准磨口玻璃仪器。

(1)磨口容器,见图 2.1-1。

圆底烧瓶　　　　梨形瓶　　　　锥形瓶　　　　三口瓶　　　　四口瓶

图 2.1-1　磨口容器

常量合成通常使用 250 mL 和 500 mL 的容器,常用 φ19 或 φ24 磨口;半微量合成常使用 10 mL、25 mL 和 50 mL 的容器,可用 φ10、φ14,也可用 φ19 磨口。

圆底烧瓶可用于物质的加热、煮沸、提纯、蒸馏等操作,常与其他仪器(如冷凝管、分液漏斗、牛角管)配套使用。圆底烧瓶由于圆底受热面积大,而且受热均匀,经常用于加热温度高、加热时间长或减压蒸馏的操作。由于圆底放置不平,使用时须放在水浴、油浴或沙浴中加热。

梨形瓶的下端是尖口状的,插入温度计后刚好相容。梨形瓶用于旋转浓缩。

三口瓶、四口瓶常用于有机物质的合成反应,或用于较复杂的煮沸、分馏、提纯操作。其常与温度计、冷凝管、搅拌棒、分液漏斗等仪器配套组装成分馏装置、蒸馏装置或回流装置。

（2）磨口塞和磨口接头，见图 2.1-2。

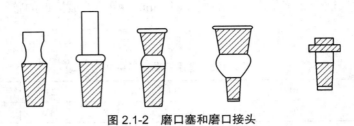

图 2.1-2　磨口塞和磨口接头

磨口空心塞是平头的，用以盖封反应瓶，可以倒立着放置，以防使用完毕取下时试液污染台面。当连接内、外磨口编号不同的两件仪器时，应使用磨口接头。磨口接头（即标准接头）分 A 型和 B 型两种：由小编号的内磨口变成大编号的外磨口的接头称为 A 型接头，如从 $\phi 19$ 到 $\phi 24$ 的接头，用 19×24 表示；反之称为 B 型接头，如从 $\phi 19$ 到 $\phi 14$ 的接头，用 19×14 表示。

（3）磨口冷凝管，见图 2.1-3。

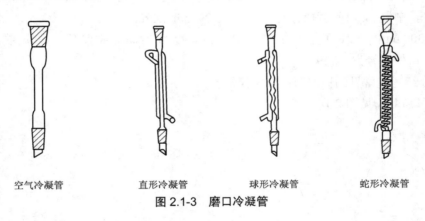

空气冷凝管　　　　直形冷凝管　　　　球形冷凝管　　　　蛇形冷凝管

图 2.1-3　磨口冷凝管

常量合成通常使用 200 mm 长的冷凝管，磨口直径为 19 mm；半微量合成实验使用 125 mm 长的冷凝管，磨口直径为 14 mm。

空气冷凝管是上端较粗并经圆口、下端较细的细长形玻璃管。其适用于沸点在 140 ℃以上的高沸点物质，或不能与水接触的物质的蒸馏操作。

直形冷凝管将一根空气冷凝管作为内芯，在其外面焊有一根较粗的外套管（水冷管），在外套管的两端各焊接一个小嘴用以连接冷凝水的进出口（下嘴用以连接冷却水源，上嘴用作冷却水出口）。直形冷凝管用水进行冷却，可缩短冷却的时间。其适用于沸点在 140 ℃以下的物质的蒸馏、分馏操作。

球形冷凝管的内芯是球泡状管，与直形冷凝管相比，球泡状的内芯冷却面积大，效果好，其他部分与直形冷凝管相同。由于它的内芯为球泡状管，容易在球部积留蒸馏液，故不适宜用于倾斜式蒸馏，多用作垂直蒸馏装置，适用于回流蒸馏操作。

蛇形冷凝管的内芯为螺旋形，增大了玻璃管的长度，其冷却面积较球泡状内芯更大，其他部分与球形冷凝管相同。同样由于内芯为蛇形管,蒸馏时积留的蒸馏液更多,故用作垂直式的连续长时间的蒸馏或回流装置。

（4）蒸馏头,见图2.1-4。

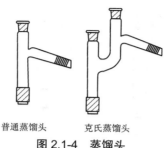

普通蒸馏头　　克氏蒸馏头
图2.1-4　蒸馏头

普通蒸馏头的上标准口用于安装温度计或导气管,下标准塞安装在烧瓶上,斜标准塞用于连接冷凝管,组成蒸馏装置。

克氏蒸馏头主要用作减压蒸馏的蒸馏头,便于同时安装温度计和提供微量气体(汽化中心)的毛细管,并防止减压蒸馏过程中液体因剧烈沸腾而冲入冷凝管。

（5）磨口接收管,见图2.1-5。

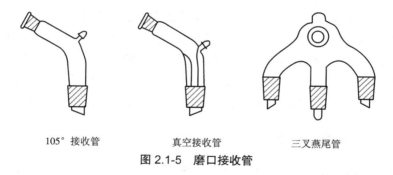

105°接收管　　　　真空接收管　　　　三叉燕尾管
图2.1-5　磨口接收管

105°接收管为一支具有标准口、塞的牛角弯管,其上端有一个小嘴可通大气,上口连接冷凝管,尾塞连接接收瓶以收集蒸馏液。

真空接收管尾塞上部有一根抽气支管,用橡胶管与真空泵相连,用于抽气减压。

三叉燕尾管上标准口连接冷凝管,下端有三个标准塞的尾管,可分别连接三个接收瓶;上标准口可以任意转动,使经冷凝管冷却的液体分别聚集在不同的接收瓶内。

（6）其他标准磨口玻璃仪器,见图2.1-6。

恒压滴液漏斗的肩部和活塞的下部焊有一根边管,可使蒸气从边管上升到漏斗液面之上,在漏斗滴液时,受反应瓶内上升蒸气的影响,液体顺利滴出,避免了蒸气顶住液体不能下滴的情况出现。

干燥管两端有连接口用于连接导管,中间盛有固体干燥剂或除杂剂。气体从一端流入干燥管时,由于气体中的水或者其他杂质与干燥剂或除杂剂发生化学反应,水或杂质与气体分离,相对纯净的气体从干燥管另一端流出。

搅拌套管可直接用橡胶管套在搅拌器上,适用于常压条件。

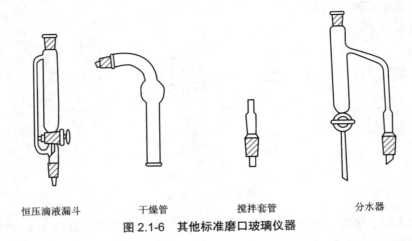

恒压滴液漏斗　　　　干燥管　　　　搅拌套管　　　　分水器

图 2.1-6　其他标准磨口玻璃仪器

分水器用于有机实验中,其作用是将水与有机溶剂分离。

使用标准磨口玻璃仪器时须注意以下事项。

(1)磨口处必须洁净,若粘有固体杂物,会使磨口对接不严密导致漏气。若有硬质杂物,甚至会损坏磨口。

(2)用后应拆卸洗净,若长期放置,磨口的连接处会粘牢,难以拆开。

(3)一般用途的磨口无须涂润滑剂,以免沾污反应物或产物。若反应中有强碱,则应涂润滑剂,以免磨口连接处因碱腐蚀粘牢而无法拆开。减压蒸馏时,磨口应涂真空脂,以免漏气。

(4)安装标准磨口玻璃仪器装置时,应注意安得正确、整齐、稳妥,使磨口连接处不受歪斜的应力,否则易将仪器折断,特别在加热时,仪器受热,承受的应力更大。

二、与玻璃仪器配套的仪器

除了上述常见的玻璃仪器外,在实训室中还经常使用一些与玻璃仪器配套的器皿及用具。表 2.1-3 列出了实训室常见的与玻璃仪器配套使用的器皿及用具。

表 2.1-3　实训室常见的与玻璃仪器配套使用的器皿及用具

外观	名称	规格和材质	主要用途	使用注意事项
	滴定台	座板边长为 180~320 mm,支杆长 500~600 mm	用于固定滴定管	与蝴蝶夹配套使用;将蝴蝶夹固定在合适的高度,并旋紧螺丝,固定牢后再进行实验
	滴定管夹(蝴蝶夹)	—	用于固定滴定管	与滴定台配套使用;蝴蝶夹高度可调节,调节后须拧紧螺丝

续表

外观	名称	规格和材质	主要用途	使用注意事项
	三脚架	腿直径(mm):90、110	用于放置加热容器	先放石棉网,再放加热容器(水浴锅除外);不要拿刚加热过的三脚架
	石棉网	石棉直径(mm):90、100、150、175	加热时用于承放玻璃反应容器,使其受热均匀	不能浸水
	试管架	由木材、铝制成	用于承放试管	金属试管架勿触及酸碱
	水浴锅	直径(mm):160、180	用于水浴加热	选择合适直径的圆环,使加热器皿没于锅中2/3;经常补充水,防止锅内水烧干;使用完毕,将锅内剩余水倒出,并擦干
	试管夹	全长(mm):195 把长(mm):95 把宽(mm):11 厚度(mm):9	加热试管时用于代替手夹住试管	不要被火烧坏;夹在试管上部,要从试管底部套上或取下试管夹;不要把拇指放在试管夹的活动部分
	坩埚钳	长度(inch):8、10、12、14、16、18、20、24(注:1 inch=2.54 cm)	加热坩埚时用于夹取坩埚或坩埚盖	用坩埚钳取灼热的坩埚时,必须先预热坩埚钳,以免坩埚因局部冷却而破裂
	试管刷	毛身长(mm):75、80	用于清洗仪器及试管	洗试管时,要先把试管刷前部的刷毛捏住,然后将其放入试管,以免铁丝顶端将试管底戳破
	药匙	由金属、牛角、塑料制成	用于取固体试剂	用药匙取用一种药品后,必须将其洗净擦干才能取另一种药品
	比色管架	孔数:6、12	用于插放比色管	—
	瓷坩埚	容量(mL):10、15、20、25、30、40	耐高温,用于灼烧固体	灼烧时放在泥三角上;取下时用坩埚钳,不能直接放在实训台上,应放在石棉网上;不要用冷水冷却灼热的瓷坩埚,以免瓷坩埚炸裂
	瓷蒸发皿	容量(mL):50、100、150、180	用于灼烧固体,蒸发浓缩溶液	高温时不要用冷水洗
	泥三角	有大小之分,用铁丝弯成,并套上瓷管	加热时用于承放坩埚和小蒸发皿	灼热的泥三角不要滴上冷水,以免瓷管破裂;选择泥三角时,要使搁在其上的坩埚所露出的上部不超过本身高度的1/3

外观	名称	规格和材质	主要用途	使用注意事项
	塑料洗瓶	容量(mL):250、500、1 000	用于装蒸馏水	不能加热
	保温漏斗(热滤漏斗)	铜质双层	在保温条件下用于过滤	热过滤时选用的保温漏斗,其颈的外露部分要短,切勿未加水就加热,以免损坏
	移液管架	圆盘直径150 mm,圆孔直径7~17 mm	用于放置移液管	—
	烧瓶夹	支架用铝合金经翻砂、打光制成	蒸馏、回流时用于将冷凝管、烧瓶等仪器固定于铁架台的支柱上	使用万能夹、烧瓶夹时,首先根据实验装置的需要,将双顶丝的一端用螺丝固定于铁架台支柱适当高度的位置上,然后将万能夹或烧瓶夹的支架插入双顶丝的另一端,用螺丝固定,再将万能夹或烧瓶夹的螺丝旋开,将冷凝管或烧瓶的瓶颈插入,调整到适当的方向和位置上,最后将螺丝旋紧固定
	万能夹	双夹使用普通精铸钢铸制,夹棍用8 mm的冷钢板制成		
	双顶丝	由铸钢、铸铁或铝合金制成		
	升降台	面板边长(mm):15、20	用于调整仪器的高度	—

续表

外观	名称	规格和材质	主要用途	使用注意事项
	铁架台、铁圈	铁架台底座边长为100~170 mm,杆长为450 mm;铁圈直径(mm):60、80、100、125、150	用于夹持或支撑仪器	—
	布氏漏斗	直径(mm):40、60、80、100、120、150	用于减压过滤	不能加热
	洗耳球	—	与移液管配合,用于转移溶液	应保持清洁,禁止与酸、碱、油类、有机溶剂等物质接触,并距热源1.5 m以外
	白胶塞	上底直径(mm):12.5、15、17、19、20、24、26等下底直径(mm):8、11、13、14、16、18、20等高度(mm):17、20、24、26等	用于连接各种玻璃仪器成套装置及密封各种仪器等	选用与所要装配的配套仪器的口径相适应的白胶塞,按照仪器的管径打洞,将仪器的管子固定在洞孔中,然后与其他仪器连接即可。如要做瓶塞,选用与瓶口口径相适应的白胶塞,塞入瓶口即可

三、常用电器设备

1)电吹风

实训室中使用的电吹风应可吹冷风和热风,供干燥玻璃仪器用。电吹风宜放于干燥处,注意防潮、防腐蚀。

2)电加热套(或叫电热帽)

电加热套是由玻璃纤维包裹着电热丝制成的帽状的加热器(图 2.1-7)。加热和蒸馏易燃有机物时,由于它不用明火,因此具有不易引起着火的优点,热效率也高。加热温度用调压变压器控制,最高温度可达 400 ℃左右。电加热套是有机实验中一种简便、安全的加热装置。电加热套的容积一般与烧瓶的容积相匹配,从 50 mL 起,各种规

图 2.1-7　电加热套

格均有。电加热套主要用作回流加热的热源。进行蒸馏或减压蒸馏时,随着蒸馏的进行,瓶内物质逐渐减少,如果使用电加热套加热,就会使瓶壁过热,造成蒸馏物被烤焦的现象。若选用大一号的电加热套,在蒸馏过程中不断降低垫电加热套的升降台的高度,就会减少烤焦现象。

3）调压变压器

调压变压器是调节电源电压的一种装置,常用来调节加热电炉的温度和调整电动搅拌器的转速等。使用调压变压器时应注意以下问题。

（1）电源应接到注明为输入端的接线柱上,输出端的接线柱应与搅拌器或电炉等设备的导线相连,切勿接错。同时变压器应有良好的接地。

（2）调节旋钮时应当均匀、缓慢,防止因剧烈摩擦而引起火花或造成炭刷接触点受损。如炭刷磨损较大,应予更换。

（3）不允许长期过载,以防烧毁或缩短使用期限。

（4）应保持炭刷及绕线组接触表面清洁,经常用软布抹去灰尘。

（5）使用完毕后应将旋钮调回零位,并切断电源,放在干燥通风处,不得靠近有腐蚀性的物体。

4）电动搅拌器

电动搅拌器在有机实验中用于搅拌。一般适用于油、水等溶液或固－液反应,不适用于过黏的胶状溶液。若超负荷使用,很易发热烧毁。使用时必须接上地线。平时应注意保持清洁、干燥,防潮、防腐蚀。轴承应经常加油以保持润滑。

5）磁力搅拌器

磁力搅拌器由一根以玻璃或塑料密封的软铁（叫磁棒）和一个可旋转的磁铁组成（图 2.1-8）。将磁棒投入盛有待搅拌的反应物的容器中,将容器置于内有旋转磁场的搅拌器托盘上,接通电源,由于内部磁铁旋转,使磁场发生变化,容器内的磁棒随之旋转,达到搅拌的目的。一般的磁力搅拌器都有控制磁铁转速的旋钮及可控制温度的加热装置。

图 2.1-8　磁力搅拌器

6）烘箱

烘箱用于干燥玻璃仪器或烘干无腐蚀性、加热时不分解的物品。挥发性易燃物或刚用酒精、丙酮淋洗过的玻璃仪器切勿放入烘箱内,以免发生爆炸。

技能操作

一、技能目标

（1）正确认领实训室常见的仪器;

（2）了解常见仪器的规格及用途。

二、素质目标

（1）实训开始前,按要求清点仪器,并做好实训准备工作;

（2）实训过程中,保持实训台整洁;

（3）按实训要求准确记录实训过程,完成实训报告;

（4）实训结束后,认真清洗仪器,清点实训仪器并恢复实训台原样;

（5）全班完成实训任务后,做好实训室卫生。

三、实训操作提示

（1）认识实训室常见仪器。

①容器类,如洗瓶、试管、烧杯、锥形瓶、烧瓶、试剂瓶、滴瓶等;

②量器类,如量筒、量杯、容量瓶、滴定管;

③其他玻璃仪器,如冷凝管、分液漏斗、干燥器、砂芯漏斗、标准磨口玻璃仪器等;

④瓷质仪器,如蒸发皿、布氏漏斗、瓷坩埚、瓷研钵等;

⑤其他仪器,如洗耳球、石棉网、泥三角、三脚架、水浴锅、坩埚钳、药匙、毛刷、试管架、漏斗架、铁架台、铁圈、铁夹、试管夹等。

（2）根据实训室提供的仪器登记表对照检查仪器的完好性。

（3）说出各种仪器的主要用途和使用方法。

四、安全提示

（1）要注意各种玻璃仪器的规格和型号。

（2）仪器要分类摆放,玻璃、瓷质仪器、金属制品不能混放,防止打破玻璃仪器。

（3）取用玻璃仪器时注意轻拿轻放。

（4）实训操作后要认真洗手。

任务 2-2　玻璃仪器的洗涤与干燥

知识链接

一、玻璃仪器的洗涤

实训室使用的玻璃仪器需按规定的要求彻底洗净后才能使用。洗涤是否符合要求,对分析工作的准确度和精密度均有影响。不同分析工作(如工作分析、一般化学分析、微量分析等)对仪器的洗净要求不同。

对沾污的玻璃仪器,根据沾污物的性质,采用不同的洗涤液,通过化学或物理作用,有效地洗净仪器。

（一）洗涤剂的种类、选用及配制

1.常用洗涤剂及其使用范围

最常用的洗涤剂有肥皂、合成洗涤剂(如洗衣粉)、洗液、稀盐酸-乙醇溶液、有机溶剂等。

肥皂、合成洗涤剂一般用于洗涤可以用毛刷直接刷洗的仪器,如烧瓶、烧杯、试剂瓶等非计量及无光学要求的玻璃仪器。肥皂、合成洗涤剂也可用于滴定管、移液管、容量瓶等计量玻璃仪器的洗涤,但这些仪器不能用毛刷刷洗。

洗液(酸性或碱性)多用于洗涤不能用毛刷刷洗的玻璃仪器,如滴定管、移液管、容量瓶、比色管、玻璃垂熔漏斗、凯氏烧瓶等有特殊要求和特殊形状的玻璃仪器,也可用于洗涤长久不用的玻璃仪器和去除毛刷刷不掉的污垢。如油污可用无铬洗液、铬酸洗液、碱性高锰酸钾($KMnO_4$)洗液及丙酮、乙醇等有机溶剂清洗。碱性物质及大多数无机盐类可用稀HCl(1+1)洗液洗净。$KMnO_4$沾污留下的MnO_2污物可用草酸洗液洗净,而$AgNO_3$留下的黑褐色Ag_2O可用碘化钾洗液洗净。

对不同类型的污物,可选用不同的有机溶剂洗涤,如甲苯、二甲苯、氯仿、乙酸乙酯、汽油等。如要除去洗净的仪器上带的水分,可以先用乙醇、丙酮洗涤,后用乙醚洗涤。

2. 常用洗液的配制及使用注意事项

1)铬酸洗液

锆酸洗液的配制处方见表2.2-1。

表 2.2-1　铬酸洗液的配制处方

项目	处方1	处方2
重铬酸钾(重铬酸钠)质量 /g	10	20
纯化水体积 /mL	10	10(或适量)
浓硫酸体积 /mL	100	150

配制方法:称取处方量的重铬酸钾,于干燥的研钵中研细,将此细粉加入盛有适量水的玻璃容器内,加热搅拌使其溶解。待冷却后,将此玻璃容器放在冷水浴中,缓慢且断续加入浓硫酸,不断搅拌,勿使温度过高,容器内容物颜色逐渐变深,注意冷却,直至加完混匀,即得铬酸洗液。

注意事项如下。

(1)浓硫酸遇水发生强烈的放热反应,故须等重铬酸钾溶液冷却后,再将浓硫酸缓缓加入,边加边搅拌,切不能相反操作,以防发生爆炸。

(2)铬酸洗液专供清洁玻璃仪器之用,它之所以能去污是因为它具有强烈的氧化作用。重铬酸钾与浓硫酸相遇时产生具有强氧化作用的铬酸酐(CrO_3),同时浓硫酸在高浓度时具有氧化作用,加热时作用更为显著。

(3)铬酸洗液清洁效力的大小取决于反应中产生铬酸酐的多少及硫酸的浓度。铬酸酐越多,酸越浓,清洁效力越好。

(4)用铬酸洗液清洁玻璃仪器之前,最好先用水冲洗仪器,洗去大部分有机物,并尽可能使仪器干燥,这样可减少洗液消耗和避免洗液被稀释而效力降低。

(5)铬酸洗液可重复使用,但溶液呈绿色时说明它已失去氧化效力,不可再用,只能更新后再用。更新方法:取废液滤出杂质,不断搅拌并缓慢加入高锰酸钾粉末,每升废液加入6~8 g,至反应完毕、溶液呈棕色为止。静置使其沉淀,倾取上清液,在160 ℃以下加热,使水分蒸发,得到浓稠状棕黑色液体,放冷,再加入适量浓硫酸,混匀,使析出的重铬酸钾溶解,即可备用。

（6）浓硫酸具有腐蚀性，配制时宜小心。

（7）用铬酸洗液洗涤仪器，是利用其与污物起化学反应的原理将污物洗去，故要浸泡一定时间，一般放置过夜（根据情况而定）。有时可加热，使其充分反应。

2）碱性高锰酸钾洗液

碱性高锰酸钾洗液作用缓慢，适于洗涤有油污的器皿。

配制方法：取高锰酸钾（$KMnO_4$）4 g，加少量水溶解后，再加入10%氢氧化钠（NaOH）溶液100 mL。碱性高锰酸钾洗液有很强的氧化性，可清洗油污及有机物。析出的MnO_2可用草酸、浓盐酸、盐酸羟胺等还原剂除去。

3）碱性乙醇洗液

配制方法：取2.5 g KOH溶于少量水中，再用乙醇稀释至100 mL，或将120 g NaOH溶于150 mL水中，再用95%乙醇溶液稀释至1 L。该洗液主要用于去除油污及某些有机物。

4）盐酸－乙醇溶液

配制方法：将浓盐酸和乙醇按1∶1的体积比混合。该洗液是还原性强酸洗液，用于洗去多种金属离子。比色皿常用此洗液洗涤。

5）乙醇－硝酸洗液

对于难以洗净的少量残留有机物，可先向容器中加入2 mL乙醇，再加入10 mL浓硝酸，在通风橱中静置片刻，待激烈反应放出大量NO_2后，用水冲洗。注意用时才混合，并要安全操作。

6）纯酸洗液

配制方法：用盐酸（1+1）、硫酸（1+1）、硝酸（1+1）或等体积的浓硝酸和浓硫酸均可配制，用于清洗碱性物质沾污或无机物沾污的仪器。

7）草酸洗液

配制方法：取5~10 g草酸溶于100 mL水中，再加入少量浓盐酸。草酸洗液对除去MnO_2污物有效。

8）碘－碘化钾洗液

配制方法：取1 g碘和2 g KI溶于水中，加水稀释至100 mL，用于洗涤$AgNO_3$沾污的器皿和白瓷水槽。

9）有机溶剂

有机溶剂，如丙酮、苯、乙醚、二氯乙烷等，可洗去油污及可溶于溶剂的有机物。使用这类溶剂时，注意毒性及可燃性。有机溶剂价格较高，毒性较大。较大的器皿沾有大量有机物时，可先用废纸擦净，然后尽量采用碱性洗液或合成洗涤剂洗涤。只有无法使用毛刷刷洗的小型或特殊器皿才用有机溶剂洗涤，如活塞内孔、滴定管夹头等。

10）合成洗涤剂

合成洗涤剂高效、低毒，既能溶解油污，又能溶于水，对玻璃器皿的腐蚀性小，不会损坏玻璃，是洗涤玻璃器皿的最佳选择。

（二）玻璃仪器的洗净标准

洗干净的玻璃仪器，应以倒置时仪器内壁均匀地被水润湿而不挂水珠为准。绝不能用布或纸擦干,否则,布或纸上的纤维将会附着在仪器上。在定量分析实验中,要求精密度小于1%时,用蒸馏水冲洗后,残留水分用pH试纸检查,应为中性。

（三）洗涤方法

玻璃仪器的洗涤方法很多,一般来说,应根据实训的要求、污物的性质和沾污程度来选择洗涤方法。附着在仪器上的污物既有可溶性物质,也有尘土、不溶物及有机油污等,可分别采用不同的方法洗涤。

1. 常规玻璃仪器的洗涤方法

首先用自来水冲洗 1 至 2 次,除去可溶性物质,然后根据沾污程度、污物的性质采用洗衣粉、去污粉、洗涤剂或洗液洗涤或浸泡,之后用自来水冲洗 3 至 5 次(冲去残留的洗涤剂),再用蒸馏水淋洗 3 次(洗去自来水)。称量瓶、容量瓶、碘量瓶、干燥器等具有磨口塞盖的器皿,在洗涤时应注意各自配套,以免破坏磨口处的严密性。

蒸馏水冲洗时应按少量多次的原则,即每次用少量水,分多次冲洗,每次冲洗应充分震荡后倾倒干净,再进行下一次冲洗。

2. 特殊玻璃仪器的洗涤方法

（1）砂芯玻璃滤器。此类滤器使用前需用盐酸(1+1)溶液浸煮以除去砂芯孔隙间颗粒物,再用自来水、蒸馏水抽洗干净,保存在有盖的容器中。使用完毕后,根据抽滤沉淀不同的性质,选用不同的洗液浸泡干净。例如, $AgCl$ 用氨水(1+1)溶液或 10% NaS_2O_3 溶液, $BaSO_4$ 用 100 ℃浓硫酸或 EDTA- 氨水溶液(3% EDTA 二钠盐溶液 500 mL 与氨水溶液 100 mL 混合)加热近沸,有机物用铬酸洗液浸泡或温热洗液抽洗,汞渣用热浓硝酸,脂肪用四氯化碳或其他适当的有机溶剂,细菌用浓硫酸与硝酸钠洗液浸泡等。

（2）比色皿。通常用盐酸－乙醇洗液洗涤,在去除有机显色剂的沾污方面,洗涤效果好。必要时可用硝酸洗液浸洗,但要避免用铬酸洗液等氧化性洗液浸泡。

（3）痕量无机分析用玻璃仪器。痕量元素分析对洗涤要求极高。玻璃仪器要在 HCl(1+1)或 HNO_3(1+1)溶液中浸泡 24 h,新的玻璃仪器或塑料瓶、桶浸泡时间长达一周,还要在稀 NaOH 溶液中浸泡一周,然后依次用自来水、蒸馏水洗净。

（4）痕量有机分析用玻璃仪器。痕量有机物分析所用的玻璃仪器,通常先用铬酸洗液浸泡,再用自来水、蒸馏水依次冲洗干净,最后用重蒸的丙酮、氯仿洗涤数次即可。

二、玻璃仪器的干燥

不同的实训对仪器是否干燥有不同的要求。一般定量分析中用的锥形瓶、烧杯等,洗净后即可使用;而用于有机分析的仪器一般都要求干燥。所以应根据实训的不同要求来选择是否干燥仪器,常用的干燥方法有以下几种。

1. 自然晾干

洗净的仪器可倒置在干净的实验柜内或仪器架上(倒置后不稳定的仪器,应平放),让其自然干燥。

2. 烘干

洗净的玻璃仪器可以放在恒温干燥箱(简称烘箱,图2.2-1)内烘干。恒温干燥箱除了可以用来干燥玻璃仪器,还可以用来烘干无腐蚀性、热稳定性比较好的药品,但易燃品或刚用乙醇、丙酮等挥发性有机溶剂淋洗过的仪器切勿放入烘箱内,以免发生爆炸。

烘箱带有自动控温装置,使用方法如下。接通电源,开启加热开关后,将控温旋钮由"0"位顺时针旋至一定程度,这时红色指示灯亮,表明烘箱处于升温状态。当升至所需温度后,红色指示灯灭,绿色指示灯亮,表明烘箱已处于该温度下的恒温状态,此时电加热丝停止工作。过一段时间,由于散热等原因烘箱温度变低,它又自动切换到加热状态。这样交替地不断通电、断电,就可以保持恒定温度。一般烘箱的最高使用温度可达200 ℃,干燥仪器时常控制在100~120 ℃。

干燥玻璃仪器之前,应先洗净仪器并将水尽量倒干,使仪器口朝上平放入烘箱内,带塞的瓶子应打开瓶塞,然后关好烘箱门。一般在105 ℃下加热15 min左右即可。烘干后最好让烘箱降至常温后再取出仪器。如果热时就取出仪器,应注意用干布垫手,以防止烫伤。热玻璃仪器不能碰水,以防炸裂。热仪器自然冷却时,器壁上可能有水凝结,用吹风机吹冷风助冷可避免这种情况出现。

3. 吹干

用热或冷的空气流将玻璃仪器吹干,所用仪器是吹风机或玻璃仪器气流干燥器。用吹风机吹干时,一般先用热风吹玻璃仪器的内壁,待干后再吹冷风使其冷却。如果用易挥发的溶剂(如乙醇、乙醚、丙酮等)淋洗仪器,则先将淋洗液倒净,然后用吹风机按冷风—热风—冷风的顺序吹,这样仪器会干得更快。另一种方法是将洗净的仪器直接放在气流干燥器里进行干燥。

4. 烤干

烧杯和蒸发皿可以放在石棉网上用电炉烤干,试管可以直接用小火烤干。操作时,先将试管略为倾斜,管口向下(图2.2-2),并不时地来回移动试管,水珠消失后,再将管口朝上,以便水汽逸出。

图2.2-1　恒温干燥箱

图2.2-2　烤干试管

5. 用有机溶剂干燥

一些带有刻度的计量仪器不能用加热的方法干燥,否则会影响仪器的精密度。为此可将一些易挥发的有机溶剂(如酒精或酒

扫一扫:玻璃仪器的洗涤与干燥

精与丙酮的混合液)倒入洗净的仪器中(有机溶剂的量要少),把仪器倾斜,转动仪器,使仪器

壁上的水与有机溶剂混合,然后倾出,少量残留在仪器内的混合液很快挥发,从而使仪器干燥。

三、干燥器的使用

灼烧后的坩埚或有些易吸水潮解的固体等应放在干燥器内,以防吸收空气中的水分。

干燥器是一种有磨口盖子的厚重玻璃器皿,磨口上涂有一层薄薄的凡士林,以防水汽进入,并能很好地密合。干燥器的底部装有干燥剂(一般为变色硅胶),中间放置一块干净的带孔瓷板,用来承放被干燥的物品。打开干燥器时,应一只手固定住干燥器,另一只手有力地握住盖的圆顶,向左(或右)前方缓缓推开盖子,如图2.2-3(a)所示。温度很高的物体(例如刚灼烧过不久的坩埚等)放入干燥器时,不能马上将盖子完全盖严,应该留一条很小的缝隙散热,待完全冷却后再盖严,否则内部的热空气易冲开盖子,或者由于冷却后的负压盖子难以打开。搬动干燥器时,应用两手的拇指同时按住盖子,如图2.2-3(b)所示,以防盖子滑落打碎。

（a）　　　　　　　　　　　　　　（b）

图 2.2-3　干燥器的使用

（a）打开干燥器　（b）搬动干燥器

技能操作

一、技能目标

（1）掌握常用玻璃仪器的洗涤方法;
（2）掌握常用玻璃仪器的干燥方法。

二、素质目标

（1）实训开始前,按要求清点仪器,并做好实训准备工作;
（2）实训过程中,保持实训台整洁;
（3）按实训要求准确记录实训过程,完成实训报告;
（4）实训结束后,认真清洗仪器,清点实训仪器并恢复实训台原样;
（5）全班完成实训任务后,做好实训室卫生。

三、仪器及试剂

仪器:滴定管、容量瓶、移液管(或吸量管)、锥形瓶。

试剂:去离子水(或蒸馏水)、铬酸洗液、洗涤剂。

四、实训操作提示

1. 玻璃容量仪器的一般洗涤步骤

玻璃容量仪器洗净的标准:当仪器倒置时,仪器内壁均匀地被水润湿而不挂水珠。

1)滴定管的洗涤

滴定管的外侧可用洗洁精刷洗,管内无明显油污的滴定管可直接用自来水冲洗,或用洗涤剂泡洗,但不可刷洗,以免划伤内壁,影响体积的准确测量。若有油污不易洗净,可采用铬酸洗液洗涤。酸式滴定管可倒入铬酸洗液 10 mL 左右,把管子横过来,两手平端滴管转动,直至洗涤液沾满管壁,直立,将洗液从管尖放出;碱式滴定管则需要将橡皮管取下,用小烧杯接在管下部,然后倒入铬酸洗液。洗液用后仍倒回原瓶内,可继续使用。用铬酸洗液洗过的滴定管先用自来水充分洗净后,再用适量蒸馏水振荡洗涤 3 次,管内壁不挂水珠,则可使用。

注意:碱式滴定管的玻璃尖嘴及玻璃珠用铬酸洗液洗过后,再用自来水冲洗几次并装好;当用自来水和蒸馏水洗涤滴定管时,要从管尖把水放出,并且改变捏的位置,使玻璃珠各部位都得到充分洗涤。

2)容量瓶的洗涤

倒入少许铬酸洗液摇动或浸泡,洗液倒回原瓶。先用自来水充分洗涤,再用适量蒸馏水振荡洗涤 3 次。

3)移液管的洗涤

用洗耳球吸取少量铬酸洗液于移液管中,横放并转动,至管内壁均沾上洗涤液,直立,将洗涤液自管尖放回原瓶。用自来水充分洗净后,再用蒸馏水淋洗 3 次。

4)锥形瓶的洗涤

先用自来水冲洗 1 至 2 遍,除去可溶性物质,接着用毛刷蘸取少量洗衣粉洗涤,然后用自来水冲洗 3 至 5 次,冲去使用的洗涤剂,最后用蒸馏水淋洗 3 次。

2. 玻璃仪器的干燥

(1)将洗净的试剂瓶放入烘箱烘干。

(2)用烤干法干燥两支试管。

(3)用快速干燥法干燥试剂瓶。

(4)选择干燥方法,干燥量筒。

五、思考题

(1)怎样检查玻璃仪器是否洗干净?

(2)什么是铬酸洗液?使用铬酸洗液时应注意哪些事项?

(3)滴定管、移液管、容量瓶的内壁能否用毛刷刷洗?为什么?

模块三　实训室常用化学试剂认知及溶液配制

【学习目标】

1. 熟悉化学试剂的规格及其适用范围；
2. 熟悉危险化学试剂的分类与特性；
3. 了解不同类型试剂的包装；
4. 熟悉常用化学试剂的取用规则及保管方法；
5. 掌握配制溶液的一般步骤及标准溶液的配制方法。

任务 3-1　化学试剂的规格及危险试剂分类

知识链接

一、化学试剂的种类规格及用途

化学试剂是在化学实验、化学分析、化学研究及其他实验中使用的各种纯度等级的化合物或单质。化学试剂的种类一般是按照其性质或用途进行划分的。化学试剂按照性质可以分为无机化学试剂、有机化学试剂两大类（表 3.1-1 ）。

表 3.1-1　化学试剂的种类

化学试剂的种类	典型化学试剂
无机化学试剂	无机酸：盐酸、硫酸、硝酸、碳酸等 无机碱：氨水、氢氧化钠、氢氧化钾等 无机盐：氯化钠、硫酸钠、硝酸钠、碳酸钠等 氧化物：氧化锌、氧化钙、过氧化氢等

续表

化学试剂的种类	典型化学试剂
有机化学试剂	烃:环己烷、苯、甲苯等 卤代烃:四氯化碳、三氯甲烷、氯苯等 醇:甲醇、乙醇、乙二醇、丙三醇等 酚:苯酚、对苯二酚等 醚:甲醚、乙醚、环氧乙烷等 醛:甲醛、乙醛、苯甲醛等 酮:丙酮、环己酮等 羧酸:甲酸、乙酸、苯甲酸等 胺:丙胺、己二胺等 硝基化合物:硝基苯、邻二硝基苯、间二硝基苯、对二硝基苯等 酯:乙酸乙酯、乙酸丁酯等 糖:葡萄糖、果糖、乳糖、蔗糖、麦芽糖等

　　化学试剂按照用途可以分为一般化学试剂和特殊化学试剂两大类。一般化学试剂按纯度和杂质含量分为四种规格,如表 3.1-2 所示。

表 3.1-2　一般化学试剂的规格

化学试剂级别	中文名称	代号	标签颜色	适用范围
一级品	优级纯	G.R.	绿色	纯度高,适用于精密分析及科研工作
二级品	分析纯	A.R.	红色	纯度较高,适用于一般分析测试工作
三级品	化学纯	C.P.	蓝色	纯度较差,适用于要求不高的分析测试
四级品	实验试剂	L.R.	棕色 / 黄色	杂质较多,适用于实验辅助试剂

　　特殊化学试剂根据适用范围分为六类,如表 3.1-3 所示。

表 3.1-3　常见特殊化学试剂的分类

特殊化学试剂	代号	适用范围
基准试剂	PT	纯度相当于(或高于)一级品,作为基准物质用于滴定分析中,可直接配制标准溶液或标定标准溶液
光谱纯试剂	SP	杂质含量无法用光谱法测出,作为标准物质用于光谱分析中
分光纯试剂	UV	在一定波长范围内无干扰或干扰少,作为标准物质用于分光光度法中
色谱纯试剂	GC/LC	杂质含量无法用色谱法测出,作为标准物质用于色谱分析中
生化试剂	BC	适用于各种生物化学实验
指示剂	IND	酸碱滴定指示剂:甲基橙、甲基红、酚酞、百里酚酞等 配位滴定指示剂:铬黑 T、二甲酚橙、钙羧酸指示剂等 氧化还原滴定指示剂:二苯胺磺酸钠、邻苯氨基苯甲酸等 沉淀滴定指示剂:铬酸钾、铁铵矾、荧光黄、曙红等

扫一扫：危险试剂的分类
与通性

二、危险化学试剂的分类及特性

　　危险化学试剂是指受光照、热、空气、水或碰撞等外界因素的影响，可能会引起燃烧、爆炸、腐蚀或中毒的试剂。一般包括易燃品、易爆品、强氧化剂、强腐蚀性试剂、剧毒品和放射性试剂。典型危险品试剂及其特性如表 3.1-4 所示。

表 3.1-4　典型危险品试剂及其特性

危险化学试剂类别	典型危险品名称	特性
易燃品	汽油、乙醚、乙醇、苯、甲苯、丙酮、乙酸乙酯等	易挥发，遇明火即燃烧
易爆品	钾、钠、电石、磷、萘、苦味酸、三硝基甲苯、偶氮或重氮化合物等	受高温、摩擦、震动等或与其他物质接触后瞬间发生剧烈反应而产生大量的热
强氧化剂	硝酸钾、高氯酸、高氯酸钾、铬酸酐、高锰酸钾、氯酸钠、过硫酸铵、过氧化钠等	具有强氧化性，遇强碱，受潮，受热，受摩擦、冲击或与易燃物、有机物、还原剂等物质接触即发生分解而引起燃烧或爆炸
强腐蚀性试剂	浓硫酸、硝酸、盐酸、氢氧化钠、氢氧化钾、氢氟酸、冰醋酸、苯酚、无水氯化铝等	对人体皮肤、黏膜、眼睛、呼吸器官等有强腐蚀性
剧毒品	氰化钾、氰化钠、三氧化二砷、氯化汞、硫酸甲酯、某些生物碱、毒苷等	少量吸入人体或接触皮肤即造成中毒甚至死亡
放射性试剂	铀－238，钴－60，硝酸钍，含放射性同位素的酸、碱、盐等	能放射出穿透力强的射线，生物体受到过量照射易患放射病

三、思考题

1. 填空题

（1）化学试剂按照性质可以分为 _____ 和 _____ 两类；按照用途可分为 _____ 和 _____ 两类。

（2）危险化学试剂按照特性可分为 _____、_____、_____、_____、_____ 和 _____ 等六类。

2. 判断题

（1）化学试剂标签红色代表一级品。（　　　）

（2）基准试剂用于直接配制或标定标准溶液。（　　　）

（3）碳水化合物属于无机化学试剂。（　　　）

3. 选择题

（1）下列符号代表优级纯试剂的是（　　　），代表分析纯试剂的是（　　　）。

A. G.R.　　　　　　B. A.R.　　　　　　C. C.P.　　　　　　D. L.R.

（2）优级纯试剂的标签颜色是（　　　）。

A. 红色　　　　　　B. 绿色　　　　　　C. 蓝色　　　　　　D. 棕色

（3）下列属于有机化学试剂的是(　　　)。

A. 碳酸钠　　　　　　B. 冰醋酸　　　　　　C. 丙酮　　　　　　D. 氨水

（4）下列属于剧毒品的是(　　　)。

A. 氰化钾　　　　　　B. 石油醚　　　　　　C. 硝酸钍　　　　　　D. 苦味酸

（5）下列属于放射性类化学试剂的是(　　　)。

A. 氰化钾　　　　　　B. 石油醚　　　　　　C. 硝酸钍　　　　　　D. 苦味酸

任务 3-2　化学试剂的保管与取用

知识链接

一、化学试剂的包装

盛装化学试剂的容器一般有塑料、玻璃、金属等三种材质,要求不能与被装的化学试剂发生化学反应。一般化学试剂的外包装应符合《GB/T 9174—2008　一般货物运输包装通用技术条件》的相关要求,并在必要时作相应性能试验。危险化学品试剂的外包装性能试验应符合《GB 12463—2009　危险货物运输包装通用技术条件》的相关要求。

1. 对化学试剂包装的一般要求

（1）固体试剂一般应装在广口瓶中,以便于取用。

（2）液体试剂应盛装在易倒取的小口试剂瓶或滴瓶中。

（3）见光易分解的试剂应放在棕色试剂瓶中,某些试剂(如硝酸银、碘、碘化钾等)要用黑纸将瓶子包好。

（4）对玻璃有腐蚀的试剂(如氢氟酸、碱液等)应盛装在塑料瓶中,盛碱液的试剂瓶应使用橡胶塞密封。

（5）易潮解、挥发、升华的试剂保存时要注意密封。

2. 化学试剂的包装规格

化学试剂的包装规格一般根据实际工作中的需求量来确定,普通试剂多以 500 g（固体）或 500 mL（液体）包装,贵重化学试剂、基准试剂、稀有金属、指示剂等一般采用 5 g、10 g、25 g 等小包装。我国化学试剂的包装规格分为以下五类:

（1）贵重化学试剂,其包装规格一般为 0.1 g、0.25 g、0.5 g、1 g 或 0.5 mL、1 mL 等;

（2）较贵重化学试剂,其包装规格一般为 5 g、10 g、25 g 或 5 mL、10 mL、25 mL 等;

（3）有限用途的化学试剂(如基准试剂等),其包装规格一般为 50 g、100 g 或 50 mL、100 mL,安瓿包装的液体化学试剂还有 20 mL 规格的包装;

（4）广泛用途的化学试剂,其包装规格一般为 250 g、500 g 或 250 mL、500 mL 等;

（5）纯度较差的化学试剂,其包装规格一般为 1 kg、2.5 kg、5 kg 或 1 L、2.5 L、5 L 等。

3. 化学试剂的标签

化学试剂包装上要贴好标签,标明试剂相关信息。试剂标签对正确认识和安全使用化学试剂、避免分析事故的发生具有重要意义。一般试剂标签应标注以下信息:

(1)试剂中英文名称及化学组成(化学式)、相对分子质量;

(2)化学试剂所符合的标准;

(3)化学试剂纯度及各类组分含量指标;

(4)生产批号及生产日期、试剂有效期;

(5)危险品要按照《GB 13690—2009　化学品分类和危险性公示　通则》的规定给出标志图形或文字,写明最危险的化学性质,列出避免事故发生的方法或出现事故的应急处理方法。

常见危险化学品的标志如图 3.2-1 所示。

图 3.2-1　常见危险化学品的标志

二、化学试剂的保管

化学试剂应贮存在通风、干燥、洁净的专用仓库或药品贮藏室,并由专人保管。试剂应密封、避光保存,以防止污染或变质。此外,应根据各类试剂的性质采用相应的贮存方法。

1. 普通化学试剂的贮存

普通化学试剂一般按照化学性质分类保存。过氧化氢、液氨等要低温存放;小包装的贵重药品、稀有金属和贵金属等一般与其他试剂分开存放,并由专人保管。所有试剂都应有完整的标签,无标签的试剂不允许使用。

2. 危险化学试剂的贮存

危险化学试剂应按照国家公安机关有关规定严格管理、贮存和取用。应按照其性质和危险属性选择不同的贮存方法。

(1)易燃易爆品:应在阴凉、通风的环境(环境温度不高于 30 ℃)下隔离贮存,并采用防爆试剂架存放。

(2)剧毒品:应在阴凉、干燥,并与酸隔离的试剂柜中存放,必须由专人负责试剂的保管,并严格填写取用记录。

(3)强氧化剂:应在阴凉、通风处保存,并与酸、木屑、炭粉、糖类等易燃、可燃或易被氧化的物质隔离。

（4）强腐蚀性试剂：应在阴凉、通风处单独贮存，并选用由抗腐蚀性材料制成的试剂架存放。

扫一扫：不同类型化学试剂的包装及贮存

（5）放射性试剂：应采用内外两层保护容器进行包装，并远离易燃易爆危险品等，此外还应配备必要的防辐射设备或服装用具。

三、化学试剂的取用

1. 化学试剂的取用原则

（1）取用化学试剂前应核对标签，确认无误后才能取用。

（2）打开试剂瓶塞后要将其倒立放在实训台上，或用食指和中指夹住瓶盖。取用试剂后要及时盖好瓶塞，并将试剂瓶放回原处。

（3）试剂取样量要根据实际用量估算，若无说明，应取最少量。

（4）不能用手接触化学试剂，也不要将鼻孔凑到容器口去闻试剂的气味，更不能尝任何试剂的味道。

（5）用剩的试剂既不能放回原瓶，也不要随意丢弃，更不能拿出实训室，要放在指定的容器里回收处理。

总之，化学试剂在取用过程中操作要规范、取用量要准确，只有这样才能形成认真、负责、严谨的实验态度，保障实验结果的科学性和可靠性。

2. 固体试剂的取用

（1）取用固体药品时一般用洁净的药匙（图 3.2-2），块状固体可用镊子（图 3.2-3）夹取，专匙（镊）专用。切忌用手直接拿取化学试剂。用过的药匙或镊子必须清洗干净，晾干存放，以备下次使用。

图 3.2-2　药匙

图 3.2-3　镊子

（2）取用小颗粒或粉末状药品时，用药匙或纸槽按"一斜、二送、三直立"的方法送入玻璃容器（图 3.2-4 和图 3.2-5）；取用块状或密度大的金属时，用镊子按"一横、二放、三慢竖"的方法送入玻璃容器（图 3.2-6）。

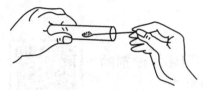

图 3.2-4　用药匙向试管中
加固体试剂

图 3.2-5　用纸槽向试管中
加固体试剂

图 3..2-6　用镊子向试管中
加固体试剂

（3）取用固体试剂时不要超过使用量，如有多取的试剂，要放在指定的容器内，决不能倒回原瓶中。

（4）取用大颗粒固体试剂时，应事先将其放在干燥洁净的研钵中研碎后再取，研磨时研钵所盛固体量不能超过研钵容积的 1/3。

（5）取用有毒药品时要在专人指导下进行。

3．液体试剂的取用

（1）从滴瓶中取用液体试剂时，可用胶头滴管。取液时将滴管悬空放在略高于容器口的正上方，滴管不要接触试管、烧杯等容器的内壁，取液后的滴管不能倒放、乱放或平放，应排出滴管内剩余的试剂，然后插回原瓶中。图 3.2-7 为滴加试液示意图。

（2）从细口瓶倒出液体药品时，先把瓶塞倒放在桌面上，以免沾污瓶塞、污染试剂；倾倒液体试剂时，应使标签向着手心，以防瓶口残留的试液流下腐蚀标签；瓶口紧靠试管口或仪器口，以免药液流出（图 3.2-8）。向烧杯中倒入液体时，应使玻璃棒下端靠在烧杯内壁上，试剂瓶口靠在玻璃棒上，使溶液沿玻璃棒及烧杯内壁流入烧杯，取完后将试剂瓶口沿玻璃棒向上一提离开玻璃棒，使瓶口残留的溶液沿玻璃棒流入烧杯（图 3.2-9）。倒完试液后立即盖紧瓶塞，以免试液挥发或吸收杂质。

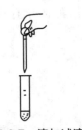

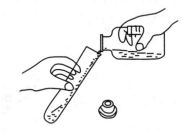

图 3.2-7　滴加试液

图 3.2-8　将液体倒入试管

图 3.2-9　将液体倒入烧杯

（3）定量取用液体试剂时，常用量筒或移液管（吸量管）量取。

①用量筒量液时，量筒必须水平放置，倒入液体至接近要求的刻度，再用滴管逐滴滴入液体至该刻度（图 3.2-10）。读数时，视线与量筒内液体的凹液面最低处保持水平（图 3.2-11）。（注意：俯视则读数偏大，仰视则读数偏小。）

图 3.2-10　量筒量取液体试剂

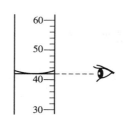

图 3.2-11　量筒体积读数

②用移液管移液时,右手持管,将移液管插入试液中,左手捏住洗耳球,使洗耳球尖嘴对准移液管管口。放松左手,液体试剂会沿着移液管上升,至液面略超过标线时,右手食指立即按住移液管管口,并将移液管从试液中提出,用滤纸擦净移液管外壁试液,提起移液管使视线与移液管标线在同一水平位置,稍松右手食指并用拇指和中指缓缓转动移液管,使液体缓慢滴出移液管。当液面和标线相切时立即按紧食指,将移液管伸入接收器(锥形瓶)中,使移液管垂直并抵住稍倾斜的接收器内壁,松开食指放出试液。(图 3.2-12)

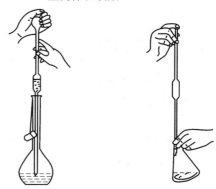

图 3.2-12　移液管取用液体试剂

四、思考题

1. 判断题

(1)氢氟酸、氢氧化钾可直接保存在玻璃瓶中。(　　　)

(2)硝酸银试剂应装在棕色试剂瓶中并置于暗处存放。(　　　)

(3)氰化钾等剧毒试剂应由专人保管。(　　　)

2. 选择题

(1)贮存易燃易爆品、强氧化剂时,最高温度不能高于(　　　)。

A. 0 ℃　　　　　　B. 10 ℃　　　　　　C. 20 ℃　　　　　　D. 30 ℃

(2)下列试剂要由专柜专人负责贮存的是(　　　)。

A. 氢氧化钾　　　　B. 氰化钾　　　　　C. 高锰酸钾　　　　D. 浓硫酸

3. 填空题

(1)取用固体试剂时,一般用洁净干燥的 _____ 或 _____。

(2)取用液体试剂时,一般用 _____、_____、_____ 和 _____ 等。定量量取液体试剂应选用 _____。

(3)用滴管滴加液体试剂时,滴管管尖应 _____ 试管口,不得接触试管内壁,以免污染试剂。

（4）当用研钵研碎大颗粒固体试剂时,研钵中所盛固体量不能超过研钵容积的(　　)。

A. 1/2　　　　　　　B. 1/3　　　　　　　C. 1/4　　　　　　　D. 1/5

4.简答题

试剂取用的原则有哪些?

任务 3-3　溶液配制

知识链接

一、配制溶液的一般步骤

配制溶液的步骤因试剂的不同或对浓度的准确度要求不同而不同。固体试剂配制溶液的一般步骤是计算、称量、溶解、转移、洗涤、定容、摇匀、装瓶、贴签。液体试剂配制溶液的一般步骤是计算、量取、稀释、定容、摇匀、装瓶等。

（1）计算:计算配制所需固体溶质的质量或液体浓溶液的体积。

（2）称量或量取:用托盘天平(或分析天平)称量固体质量或用量筒(或移液管)量取液体体积。

（3）溶解或稀释:在烧杯中溶解或稀释溶质,并使溶液温度恢复至室温(如不能完全溶解可适当加热)。

（4）转移:容量瓶试漏后,将烧杯内冷却的溶液沿玻璃棒小心转入一定体积的容量瓶中,玻璃棒下端应靠在容量瓶标线以下。

（5）洗涤:用蒸馏水洗涤烧杯和玻璃棒 2 至 3 次,并将洗涤液一并转入容量瓶中,振摇,使溶液混合均匀。

（6）定容:向容量瓶中准确加水,使瓶内液体凹液面恰好与容量瓶标线相切。

（7）摇匀:盖好容量瓶瓶塞,反复上下颠倒,使溶液混合均匀。

（8）装瓶、贴签:配制好的溶液应装在试剂瓶中,贴好标签保存。

二、标准溶液的配制方法

扫一扫:配制溶液的一般
步骤

标准溶液是指已知准确浓度的试剂溶液,常用于滴定分析。因为需要根据标准溶液的浓度和滴定消耗的体积来计算待测组分的含量,所以在配制标准溶液时需要采用准确的量具并规范操作,这对于提高分析的准确度具有重大意义。标准溶液的配制方法一般有直接法和间接法(标定法)两种。

1.直接法

可用直接法制备标准溶液的试剂必须符合以下要求:

（1）具有足够的纯度（含量不低于 99.9%），其杂质含量在分析所允许的误差以内；

（2）组成与化学式完全相符，特别是结晶水的含量也应与化学式一致；

（3）性质稳定。

基准试剂和优级纯试剂都符合以上要求。配制时先根据所需标准溶液的浓度和体积计算基准物质的用量，再准确称取一定量的基准物质，将其溶解后在容量瓶中定容即可。

现以配制 0.100 0 mol/L 的重铬酸钾标准溶液 250 mL 为例进行说明。重铬酸钾非常稳定，容易提纯，符合基准物的要求，其标准溶液可用直接法配制。其步骤如下。

（1）计算配制 $c\left(\dfrac{1}{6}K_2Cr_2O_7\right)$ =0.100 0 mol/L 的重铬酸钾标准溶液 250 mL，需称取重铬酸钾的质量

$$m(K_2Cr_2O_7) = c\left(\frac{1}{6}K_2Cr_2O_7\right) \cdot V(K_2Cr_2O_7) \cdot M\left(\frac{1}{6}K_2Cr_2O_7\right)$$

$$=0.100\ 0\ \text{mol/L} \times 0.250\ 0\ \text{L} \times \frac{1}{6} \times 294.18\ \text{g/mol}$$

$$=1.226\ \text{g}$$

（2）准确称取 1.226 g 基准物 $K_2Cr_2O_7$，在小烧杯中加水溶解，定量转移入 250 mL 的容量瓶中，稀释至标线。此溶液的准确浓度为 $c\left(\dfrac{1}{6}K_2Cr_2O_7\right) = 0.100\ 0\ \text{mol/L}$。

2. 间接法

可用直接法直接制备标准溶液的试剂不多。很多试剂，例如市售的盐酸、氢氧化钠等，因为含量不稳定，不能用直接法而要用间接法配制标准溶液。配制时先粗略计算所需试剂的量，然后粗称一定质量的固体试剂或量取一定体积的液体试剂，配制成接近所需浓度的溶液，然后用基准物或另一种标准溶液来测定其准确浓度，即可完成标定。

现以配制 0.1 mol/L 的盐酸标准溶液 500 mL 为例进行说明。浓盐酸的挥发性很强，所以一般不用直接法配制标准溶液，而用间接法配制。其步骤如下。

（1）计算需量取的浓盐酸的体积。

市售的盐酸，密度为 1.19 g/mL，含 HCl 约为 37%，物质的量浓度约为 12 mol/L。根据配制前后 HCl 的物质的量相等，可计算所需量取浓盐酸的体积。

$$0.1\ \text{mol/L} \times 500\ \text{mL} = 12\ \text{mol/L} \times V$$

$$V = 4.2\ \text{mL}$$

考虑到浓盐酸中 HCl 的挥发性，配制时所取 HCl 的量应稍多于计算量。

（2）用量筒量取 4.5 mL 浓盐酸，用水稀释至 500 mL。

（3）用基准物质标定。

常用于标定盐酸溶液的基准物是无水碳酸钠（Na_2CO_3）或硼砂（$Na_2B_4O_7 \cdot 10H_2O$）。用无水碳酸钠标定盐酸溶液的反应如下。

$$Na_2CO_3 + HCl = NaHCO_3 + NaCl$$

$$NaHCO_3 + HCl = NaCl + H_2O + CO_2 \uparrow$$

　　准确称取基准无水碳酸钠 0.15~0.2 g(思考:此质量的依据是什么?),溶于 50 mL 蒸馏水,加入溴甲酚绿－甲基红混合指示剂,用待标定的盐酸溶液滴定至溶液由绿色变为暗红色,煮沸 2 min(思考:为什么需煮沸?),冷却后,继续滴定至溶液成酒红色,记录消耗的盐酸溶液的体积。用下式计算盐酸标准溶液的浓度:

$$c(\mathrm{HCl}) = \frac{2m(\mathrm{Na_2CO_3})}{M(\mathrm{Na_2CO_3}) \cdot V(\mathrm{HCl})}$$

　　用硼砂标定盐酸溶液的反应如下:

$$\mathrm{Na_2B_4O_7 \cdot 10H_2O + 2HCl = 4H_3BO_3 + 2NaCl + 5H_2O}$$

　　选用甲基红作为指示剂,终点变色敏锐。硼砂的摩尔质量大,标定所需的质量比碳酸钠大,因此称量误差小。硼砂不会吸潮,易精制,是标定酸溶液较理想的基准物质。但是硼砂含有结晶水,故应存放在相对湿度为 60%~70% 的恒湿容器中,以防部分风化而失去结晶水。

扫一扫:常见酸碱指示剂及标准溶液的配制

　　除以上两种基准物外,还可以用已知浓度的 NaOH 标准溶液标定盐酸溶液。但标定结果不如直接用基准物标定准确(为什么?)。

三、思考题

（1）下列物质中哪些可以用直接法制备标准溶液? 哪些只能用间接法制备标准溶液?

　　　$\mathrm{H_2SO_4}$、KOH、$\mathrm{KMnO_4}$、$\mathrm{K_2Cr_2O_7}$、$\mathrm{KIO_3}$、$\mathrm{Na_2S_2O_3 \cdot 5H_2O}$

（2）标准溶液的浓度有哪些表示方法?

（3）如何理解基准物质满足的条件之一是具有较大的摩尔质量?

（4）若将长期存放在干燥器中的硼砂用于标定盐酸溶液,对盐酸溶液浓度有何影响? 为什么?

（5）以碳酸钠基准物标定盐酸溶液的浓度时,如何计算需称取的碳酸钠基准物的质量?

模块四 实训室基本操作技术

【学习目标】

1. 了解实训室常见的热源种类,掌握常见的加热方法;
2. 掌握液体和固体的干燥方法;
3. 了解冷却与冷却剂;
4. 熟悉实训室分离与提纯的原理,掌握分离与提纯的操作方法。

任务 4-1 加热、干燥及冷却技术

知识链接

一、加热与热源

（一）热源

实训室常用的热源有酒精灯、酒精喷灯、燃气喷灯和电加热器等。化学实验中对物质进行加热前必须根据物质的性质、实训目的、待加热仪器的性能正确选择热源。

1. 酒精灯

酒精灯的构造如图 4.1-1 所示。酒精灯主要由灯壶、灯芯、灯帽构成,其加热温度为 400~500 ℃。灯焰分为外焰、内焰和焰心三部分,如图 4.1-2 所示。

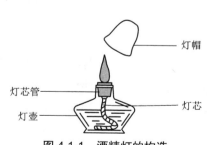

图 4.1-1 酒精灯的构造

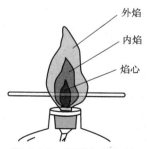

图 4.1-2 酒精灯的灯焰

使用酒精灯的注意事项有以下几点。

（1）酒精灯里酒精的量不能超过酒精灯容积的 2/3。

（2）禁止向燃着的酒精灯里添加酒精,禁止用酒精灯引燃另一只酒精灯,以免失火。

（3）用完酒精灯后,应用灯帽盖灭,不能用嘴吹灭。

（4）万一酒精洒出,在桌面燃烧,用湿布扑盖。

（5）酒精灯外焰温度最高,因此用外焰加热。

（6）有些仪器可以用酒精灯直接加热,如试管、蒸发皿、燃烧匙等。有些仪器加热时要垫石棉网,如烧杯、烧瓶等。有些仪器不能加热,如量筒、集气瓶、漏斗等。

（7）待加热仪器的外壁要干燥,以免仪器炸裂。

2. 酒精喷灯

酒精喷灯为实训室加强热时所用仪器,火焰温度可达 1 000 ℃左右,常用于玻璃仪器的加工,分为座式和挂式两种,其中座式喷灯的酒精贮存在灯座内,挂式喷灯的酒精贮存罐悬挂于高处。其构造如图 4.1-3 和 4.1-4 所示。

图 4.1-3　座式酒精喷灯的构造

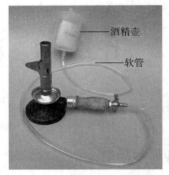

图 4.1-4　挂式酒精喷灯的构造

使用酒精喷灯前,先向预热盘中注入酒精,点燃酒精后铜质灯管受热。待盘中酒精将近燃完时,开启灯管上的开关(逆时针转)。来自贮罐的酒精在灯管内受热汽化,跟来自气孔的空气混合。这时用火点燃管口气体,就会产生高温火焰。调节开关阀可以控制火焰的大小。挂式酒精喷灯用毕后,旋紧灯座上的开关,同时关闭酒精贮罐下的活栓,就能使灯焰熄灭。座式喷灯火焰的熄灭方法是用石棉网盖住管口,同时将湿抹布盖在灯座上,使它降温。在开启开关、点燃管口气体前必须充分灼热灯管,否则酒精不能全部汽化,会有液态酒精由管口喷出,可能形成"火雨"(尤其是挂式喷灯),甚至引起火灾。

3. 电加热器

根据需要,实训室还常用电炉、马弗炉、管式炉、电加热套等电器进行加热。管式炉的最高使用温度为 900 ℃左右,马弗炉为 900 ℃(镍铬丝)或 1 300 ℃(铂丝),电炉为 900 ℃左右,电加热套为 500 ℃。使用这些电加热器时,一般通过调节电阻来控制所需温度。

（二）加热方法

加热方法有直接加热和间接加热两种。直接加热有时会因仪器受热不均匀,导致局部过热,甚至破裂。若要保证加热均匀,一般使用热浴间接加热,其中传热介质有空气、水、有机液体、熔融的盐和金属。下面主要介绍间接加热的方法。

1. 空气浴

这是一种利用热空气间接加热的热溶,对于沸点在 80 ℃以上的液体均可采用。把容器放在石棉网上加热,这就是最简单的空气浴。但是,受热仍不均匀,故不能用于回流低沸点易燃的液体或者减压蒸馏。半球形的电热套属于比较好的空气浴,因为电热套中的电热丝是由玻璃纤维包裹着的,较安全,一般可加热至 400 ℃。电热套主要用于回流加热,不宜用于蒸馏或减压蒸馏,因为在蒸馏过程中随着容器内物质逐渐减少,容器壁会过热。电热套有各种规格,取用时要与容器的大小相适应。为了便于控制温度,要连接调压变压器。

2. 水浴

水浴为较常用的热浴,当加热的温度不超过 100 ℃时,最好使用水浴加热。但是,必须强调,钾和钠的操作绝对不能在水浴上进行。使用水浴时,勿使容器触及水浴器壁或其底部。如果加热温度稍高于 100 ℃,则可选用适当的无机盐类饱和水溶液作为热溶液。

由于水浴中的水不断蒸发,需要适时添加热水,使水浴中水面稍高于容器中液面。

总之,使用液体热浴时,热浴的液面应略高于容器中的液面。

3. 油浴

油浴可加热至 100~250 ℃,能使反应物受热均匀,反应物的温度一般低于油浴液 20 ℃左右。常用的油浴液有以下几种。

(1)甘油:可以加热到 140~150 ℃,温度过高时则会分解。

(2)植物油:如菜油、蓖麻油和花生油等,可以加热到 220 ℃,常加入 1% 的对苯二酚等。

(3)抗氧化剂:便于久用,温度过高时则会分解,达到闪点时可能燃烧,所以使用时要小心。

(4)石蜡:能加热到 200 ℃左右,室温下凝成固体,保存方便。

(5)有机硅油:可以加热到 200 ℃左右,温度稍高时并不分解,但较易燃烧。

用油浴加热时,要特别小心,防止着火。当油受热冒烟时,应立即停止加热。油浴中应挂一支温度计,用于观察油浴的温度和有无过热现象。油量不能过多,否则受热后有溢出而引起火灾的危险。使用油浴时要极力防止产生可能引起油浴燃烧的因素。加热完毕取出反应器时,仍用铁夹夹住反应器,使其离开液面悬置片刻,待容器壁上附着的油滴完后,用纸和干布揩干。

4. 酸液

常用酸液为浓硫酸,可加热至 250~270 ℃;当加热至 300 ℃左右时会则分解,生成白烟;若酌加硫酸钾,则加热温度可升到 350 ℃左右。

5. 沙浴

沙浴一般是用铁盆装干燥的细海沙(或河沙),然后把反应容器半埋沙中进行加热。沙浴适用于加热沸点在 80℃以上的液体,特别适用于加热沸点在 220 ℃以上者,但沙浴的缺点是传热慢,温度上升慢,且不易控制,因此沙层要薄一些。沙浴中应插入温度计,温度计水银球要靠近反应器。

6. 金属浴

选用适当的低熔点合金,可加热至 350 ℃左右,一般不超过 350 ℃,否则合金将会迅速氧化。

二、干燥与干燥剂

干燥的方法大致有物理方法(不加干燥剂)和化学方法(加入干燥剂)两种。物理方法有吸收、分馏等,近年来,人们也应用分子筛脱水。在实训室中常用化学干燥法,使干燥剂与水起化学反应(例如 $Na + H_2O \longrightarrow NaOH + H_2\uparrow$)或同水结合生成水化物,从而除去多余的水分,达到干燥的目的。用这种方法干燥时,所含的杂质水分不能太多(一般在百分之几以下),否则必须使用大量的干燥剂,同时被干燥液体因被干燥剂带走,其损失也较大。

1. 液体的干燥

1)常用干燥剂

常用干燥剂的种类很多,选用时必须注意下列几点:

(1)干燥剂与有机物应不发生任何化学反应,对有机物亦无催化作用;

(2)干燥剂应不溶于有机液体;

(3)干燥剂的干燥速度快,吸水量大,价格便宜。

常用干燥剂有下列几种。

(1)无水氯化钙。它价廉,吸水能力强,是最常用的干燥剂之一,与水化合可生成一、二、四或六水化合物(在 30 ℃以下)。它适用于烃类、卤代烃、醚类等有机物的干燥,不适用于醇、胺和某些醛、酮、酯等有机物的干燥,因为它能与后者形成络合物。无水氯化钙也不宜用作酸(或酸性液体)的干燥剂。

(2)无水硫酸镁。它是中性盐,不与有机物或酸性物质发生反应;可作为各类有机物的干燥剂,与水生成 $MgSO_4 \cdot 7H_2O$(48 ℃以下);价较廉,吸水量大,故可用于不能用无水氯化钙干燥的许多化合物。

(3)无水硫酸钠。它的用途和无水硫酸镁相似,价廉,但吸水能力和吸水速度都差一些。它与水结合生成 $NaSO_4 \cdot 10H_2O$(37 ℃以下)。当有机物水分较多时,常先用本品处理后再用其他干燥剂处理。

(4)无水碳酸钾。它的吸水能力一般,作用慢,与水结合生成 $K_2CO_3 \cdot 2H_2O$;可用干燥醇、酯、酮、腈等中性有机物和生物碱等一般的有机碱性物质,但不宜用于干燥酸、酚或其他酸性物质。

(5)金属钠。醚、烷烃等有机物用无水氯化钙或无水硫酸镁等处理后,若仍含有微量的水分,可加入金属钠(切成薄片或压成丝)除去。金属钠不宜用作醇、酯、酸、卤烃、醛、酮及某些胺等能与碱起反应或易被还原的有机物的干燥剂。

2)液态有机化合物的干燥

液态有机化合物的干燥一般在干燥的三角烧瓶内进行。把合适的干燥剂投入液体里,塞紧(金属钠作为干燥剂时则例外,此时塞中应插入一个无水氯化钙管,使氢气放空而水汽不致进入),振荡片刻,静置,使所有的水分被吸去。如果水分太多,或干燥剂用量太少,致使部分干燥剂溶解于水时,可将干燥剂滤出,用吸管吸出水层,再加入新的干燥剂,放置一定时间,将液体与干燥剂分离,进行蒸馏精制。

2. 固体的干燥

由重结晶得到的固体常带水分或有机溶剂,应根据化合物的性质选择适当的方法进行干燥。

1）自然晾干

这是最简便、最经济的干燥方法。先把待干燥的化合物在滤纸上摊成薄薄的一层,然后用另一张滤纸覆盖起来,在空气中慢慢地晾干。

2）加热干燥

对于热稳定的固体,可以放在烘箱内烘干,加热的温度切忌超过该固体的熔点,以免固体变色和分解,如有必要,可在真空恒温干燥箱中干燥。

3）红外线干燥

其特点是穿透性强,干燥快。

4）干燥器干燥

对易吸湿或在较高温度干燥时会分解或变色的固体,可用干燥器干燥。干燥器有普通干燥器和真空干燥器两种。

三、冷却与冷却剂

在化学实验中,遇到以下几种情况,须采用一定的冷却剂进行冷却操作:

（1）某些反应要在特定的低温条件下进行才利于有机物的生成,如重氮化反应一般在0~5 ℃时进行;

（2）有机物沸点很低,冷却时可减少损失;

（3）要加速结晶的析出;

（4）使用高度真空蒸馏装置（一般有机实验很少使用）。

根据不同的要求,可选用适当的冷却剂冷却,最简单的是用水和碎冰的混合物,可冷却至0~5 ℃,比单纯用冰块有更大的冷却效能,这是因为冰水混合物与容器壁的接触面积更大,冷却更充分。若在碎冰中酌加适量的盐类,则所得冰盐混合冷却剂的温度可在 0 ℃以下。例如:常用的食盐与碎冰的混合物（质量比为 33∶100）,其温度可由始温 -1 ℃降至 -21.3 ℃,但在实际操作中温度为 -18~ -5 ℃。注意冰盐浴不宜用大块的冰,而且要按上述比例将食盐均匀撒在碎冰上,这样冰冷效果才好。除上述冰水浴或冰盐浴外,还可将某些溶于水吸热的盐类作为冷却剂使用。

技能操作

一、技能目标

（1）能熟练使用酒精灯;

（2）掌握酒精灯使用的注意事项。

二、素质目标

（1）实训开始前做好实训准备工作；

（2）实训过程中,保持实训台整洁；

（3）准确记录实训过程,完成实训报告；

（4）实训结束后,认真清洗仪器,清点实训仪器并恢复实训台原样；

（5）全班完成实训任务后,做好实训室卫生。

三、实训操作提示

（1）向酒精灯里加入酒精:不能超过酒精灯容积的 2/3。

（2）点燃酒精灯:禁止用酒精灯引燃另一只酒精灯。

（3）酒精灯的使用:用外焰加热。

（4）酒精灯的熄灭:用灯帽盖灭,不能用嘴吹灭。

四、思考题

（1）哪些仪器可以用酒精灯直接加热？哪些不可以？

（2）列举液体干燥时常用的干燥剂。

（3）某反应需要在 −20~0 ℃的低温下进行,可以选用哪种冷却剂?

任务评价

操作要点	考核标准	分值	得分
酒精灯的使用	酒精不超过酒精灯容积的 2/3	10	
	用火柴点燃酒精灯	20	
	灯帽放置正确	10	
	用外焰加热	20	
	用灯帽盖灭酒精灯	20	
实训习惯	实训过程中保持实训台整洁	10	
	实训完毕,及时收拾实训台	10	

实训操作记录

任务名称：

实训地点： 姓名： 班级： 完成日期：

一、实训目的

二、仪器与试剂

三、实训步骤

任务 4-2　分离与提纯

知识链接

一、过滤（固液分离）

过滤是在推动力或者其他外力作用下悬浮液中的液体透过介质，固体颗粒及其他物质被过滤介质截留，从而使固体及其他物质与液体分离的操作，用于可溶物与不溶物的分离，如粗盐的提纯。过滤的方法有倾注法、离心分离法、常压过滤法和减压过滤法。

（一）倾注法

当沉淀的密度较大或结晶的颗粒较大，静置后能沉降至容器底部时，可用倾注法进行沉淀的分离和洗涤。

具体做法是把沉淀上部的溶液倾入另一容器内，然后往盛着沉淀的容器内加入少量洗涤液，充分搅拌后，沉降，倾去洗涤液。如此重复操作 3 遍以上，即可使沉淀与溶液分离，并把沉淀洗净。

（二）离心分离法

当沉淀的量很小时，可将沉淀和溶液倒入离心试管内，放入电动离心机中进行离心分离。使用离心机时，将盛有沉淀的离心试管放入离心机的试管套内，在与之相对的另一试管套内也放入盛有相等体积水的试管，然后缓慢启动离心机，逐渐加速。停止离心操作时，应让离心机自然停止。

（三）常压过滤法

分离溶液与沉淀最常用的操作方法是常压过滤。过滤时沉淀留在过滤器上，溶液通过过滤器进入容器中，所得溶液叫作滤液。常压过滤法分为普通过滤法和热过滤法。

普通过滤法最为简单和常用，使用玻璃漏斗和滤纸进行过滤。按照孔隙的大小，滤纸可分为快速、中速和慢速三种，其中快速滤纸孔隙最大。根据实训要求，一般固液分离选用定性滤纸，定量分析选用定量滤纸，如果过滤强氧化剂，则应选用玻璃纤维滤纸等。过滤时，把圆形滤纸或四方滤纸折叠成四层，滤纸的边缘应略低于漏斗的边缘（图 4.2-1）。用水润湿滤纸，并使它紧贴在玻璃漏斗的内壁上。这时，如果滤纸和漏斗壁之间仍有气泡，应轻压滤纸，把气泡赶掉，然后向漏斗中加入蒸馏水至几乎达到滤纸边。这时漏斗颈应全部被水充满，而且当滤纸上的水已全部流尽后，漏斗颈中的水柱仍能保留。如不能形成水柱，可以用手指堵住漏斗下口，稍稍掀起滤纸的一边，向滤纸和漏斗间加水，直到漏斗颈及锥体的大部分全被水充满，并且颈内气泡完全排出。然后把纸边按紧，再放开下面堵住出口的手指，此时水柱即可形成。在全部过滤过程中，漏斗颈必须一直被液体所充满，这样过滤才能迅速。

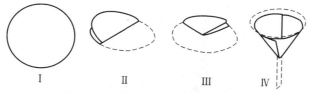

图 4.2-1 滤纸四折法的制作及安放

图 4.2-2 为滤纸多折法的制作过程。采用这种折叠方式的滤纸较四折法的滤纸过滤速度更快。适用于重结晶中除去不溶性杂质而保留滤液的过滤。

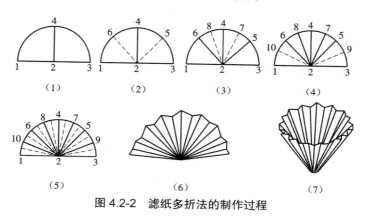

图 4.2-2 滤纸多折法的制作过程

过滤时应注意以下几点：调整漏斗架的高度，使漏斗末端紧靠接收器内壁；先倾倒溶液，后转移沉淀，转移时应使用搅拌棒；倾倒溶液时，应使搅拌棒贴在三层滤纸处；漏斗中的液面高度应低于滤纸高度的 2/3。

如果沉淀需要洗涤，应待溶液转移完毕后，将少量洗涤剂倒入沉淀，然后用搅拌棒充分搅动，静止放置一段时间，待沉淀下沉后，将上方清液倒入漏斗，如此重复洗涤 2 至 3 遍，最后把沉淀转移到滤纸上。

某些物质在溶液温度降低时，易结晶析出，为了滤除这类溶液中所含的其他难溶性杂质，通常使用热滤漏斗辅助玻璃漏斗进行过滤。过滤时，把玻璃漏斗放在铜质的热滤漏斗内，热滤漏斗内装有热水以维持溶液的温度。热滤漏斗过滤如图 4.2-3 所示。

（四）减压过滤法

减压过滤法也称吸滤法或抽滤法，其装置如图 4.2-4 所示。水泵带走空气，让吸滤瓶中压力低于大气压，使布氏漏斗的液面上方与瓶内形成压力差，从而提高过滤速度。在水泵和吸滤瓶之间通常安装安全瓶，以防止因关闭水阀或水流量突然变小时自来水倒吸进入吸滤瓶，如果滤液有用，则会造成污染。

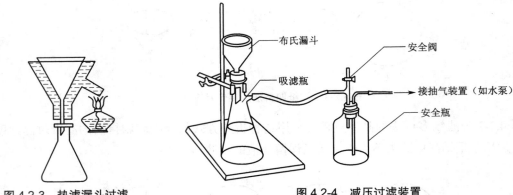

图 4.2-3　热滤漏斗过滤　　　　　　　图 4.2-4　减压过滤装置

布氏漏斗通过橡皮塞与吸滤瓶相连,橡皮塞与瓶口间必须紧密不漏气。吸滤瓶的侧管用橡皮管与安全瓶相连,安全瓶与水泵的侧管相连。停止抽滤或需要用溶剂洗涤晶体时,先将吸滤瓶侧管上的橡皮管拔开,或将安全瓶的安全阀打开与大气相通,再关闭水泵,以免水倒流入吸滤瓶内。布氏漏斗的下端斜口应正对吸滤瓶的侧管。滤纸要比布氏漏斗内径略小,但必须覆盖漏斗的全部小孔;滤纸也不能太大,否则边缘会贴到漏斗壁上,使部分溶液不经过过滤,沿壁直接漏入吸滤瓶中。使用同一溶剂将滤纸润湿,使其紧贴于漏斗的底部,然后向漏斗内转移溶液。

二、结晶和重结晶

晶体在溶液中形成的过程称为结晶。结晶方法一般有两种:一种是蒸发结晶,另一种是降温结晶。

蒸发溶剂,使溶液由不饱和变为饱和,继续蒸发,过剩的溶质就会呈晶体析出,该过程叫作蒸发结晶。例如:当 NaCl 和 KNO_3 的混合物中 NaCl 多而 KNO_3 少时,即可采用此法,先分离出 NaCl,再分离出 KNO_3。

从溶解度曲线可知,随温度升高溶解度明显升高的溶质为陡升型溶质,反之为缓升型溶质。当陡升型溶质中混有缓升型溶质时,若要分离出陡升型溶质,可以采用降温结晶的方法分离;若要分离出缓升型溶质,可以采用蒸发结晶的方法,也就是说,蒸发结晶适合溶解度随温度变化不大的物质,如 NaCl。因为 KNO_3 属于陡升型溶质,NaCl 属于缓升型溶质,所以可以用蒸发结晶的方法分离出 NaCl,也可以用降温结晶的方法分离出 KNO_3。

（一）溶液的蒸发

溶液的蒸发是在液体表面发生的汽化现象。通过加热使溶液中一部分溶剂汽化,以提高溶液中非挥发性组分的浓度或使其从溶液中析出。蒸发可在常压或减压下进行。

1. 常压蒸发

常压蒸发装置简单,操作容易。一般是将溶液放在蒸发皿中进行蒸发。蒸发皿放在铁架台的铁圈上,倒入液体不超过蒸发皿容积的 2/3,蒸发过程中不断用玻璃棒搅拌液体,防止受热不均、液体飞溅。看到有大量固体析出,或者仅余少量液体时,停止加热,利用余热将液体蒸干。

2. 减压蒸发

若被浓缩的物质在100 ℃左右时不稳定,或被蒸发的溶剂为有机溶剂,量大且有毒,可采用减压蒸馏的方式进行浓缩。用水泵或油泵抽出液体表面的蒸气;也可采用旋转蒸发仪进行蒸发浓缩,这种仪器的特点是蒸发速度快,液体受热均匀。

3. 热浴的选择

(1)在常压蒸发中,当水溶液很稀时,可将盛有水溶液的烧杯放在泥三角、石棉网上用煤气灯或电炉直接加热,浓缩到一定程度后,改在水浴上加热蒸发。

(2)对于遇热易分解的溶质,应采用控温水浴。

(3)有机溶剂属于易燃物,不可用明火加热。有机溶剂的蒸发应在通风橱中进行,蒸发器皿应选用锥形瓶,并加入沸石,以免暴沸。

(二)结晶

结晶是指物质从液态(溶液或熔融体)或蒸气形成晶体的过程,是获得纯净固态物质的重要方法之一。结晶可分为溶液结晶、熔融结晶、升华结晶和沉淀。

1. 结晶特点

(1)能从杂质含量很高的溶液或多组分熔融状态混合物中获得非常纯净的晶体产品。

(2)对于许多用其他方法难以分离的混合物系,如同分异构体物系和热敏性物系等,结晶分离的方法更为有效。

(3)结晶操作能耗低,对设备材质要求不高。

2. 影响结晶的因素

(1)过饱和度。过饱和度是结晶过程的推动力,是产生结晶产品的先决条件,也是影响结晶操作的最主要因素。过饱和度增大,一般会使结晶生长速率增大,但同时会引起溶液黏度增加,使结晶速率减小。

(2)冷却(蒸发)速度。实现溶液过饱和的方法一般有三种:冷却、蒸发和化学反应。快速冷却或蒸发将使溶液很快地达到过饱和状态,甚至直接穿过介稳区,达到较高的过饱和度而得到大量细小的晶体;反之,缓慢冷却或蒸发,常得到很大的晶体。

(3)晶种。晶核的形成有两种情况,即初次成核和二次成核。初次成核的速率比二次成核大得多,它对过饱和度的变化非常敏感,成核速率很难控制,尽量避免发生初次成核。加入晶种,主要是为了控制晶核的数量以得到粒度大而均匀的结晶产品。注意控制温度,如果溶液温度过高,加入的晶种有可能部分或全部溶化,不能起到诱导成核的作用;温度过低,溶液中已自发产生大量细小晶体,再加入晶种已不起作用。通常在加入晶种时轻微搅动,使其均匀地分布在溶液中,以得到高质量的结晶产品。

(4)杂质。某些微量杂质可影响结晶产品的质量。溶液中存在的杂质一般对晶核的形成有控制作用,对晶体成长速率的影响较为复杂,有的杂质能抑制晶体的成长,有的能促进晶体的成长。

(5)搅拌。大多数结晶设备都配有搅拌装置,搅拌能促进扩散和加速晶体生成。应注意搅拌的形式和搅拌的速度。转速太快,会加剧晶体的机械破损,影响产品的质量;转速太慢,则起不到搅拌作用。

（三）重结晶

重结晶是将晶体溶于溶剂或熔融以后,又重新从溶液或熔体中结晶的过程。重结晶可以使不纯净的物质得到纯化,或使混合在一起的盐类彼此分离。重结晶的效果与溶剂的选择大有关系,最好选择对主要化合物可溶、对杂质微溶或不溶的溶剂。滤去杂质后,将溶液浓缩、冷却,即得纯制的物质。

重结晶一般适用于杂质含量小于 5% 的固体物质的提纯。杂质含量过高,提纯和分离比较困难,这时应采用其他方法进行初步提纯,然后进行重结晶。

1. 重结晶的一般过程

1）溶剂选择

在进行重结晶时,选择理想的溶剂很关键,理想的溶剂必须具备下列条件:

（1）不与待提纯物质发生化学反应;

（2）在较高温度时能溶解大量的待提纯物质,而在室温或更低温度时只能溶解很少量的该种物质;

（3）杂质在该溶剂中的溶解度非常大或者非常小（前一种情况是使杂质留在母液中不随待提纯物晶体一同析出,后一种情况是使杂质在热过滤的时候被滤去）;

（4）容易挥发（溶剂的沸点较低）,易与结晶分离;

（5）能结出较好的晶体;

（6）无毒或毒性很小,便于操作;

（7）价廉易得。

为选择合适的溶剂,经常采用以下试验的方法:取 0.1 g 目标物质的样品于一小试管中,滴加约 1 mL 溶剂,加热至沸。若样品完全溶解,且冷却后能析出大量晶体,这种溶剂一般认为可以使用。如样品在冷或热时都能溶于 1 mL 溶剂中,则这种溶剂不可以使用。若样品不溶于 1 mL 沸腾的溶剂中,再分批加入溶剂,每次加入 0.5 mL,并加热至沸,总共用 3 mL 热溶剂,而样品仍未溶解,这种溶剂也不可以使用。若样品溶于 3 mL 以内的热溶剂中,冷却后无结晶析出,这种溶剂也不可以使用。

2）固体物质的溶解

原则上为减少目标物遗留在母液中造成的损失,应在溶剂的沸腾温度下溶解混合物,并使之饱和。为此,先将混合物置于烧瓶中,滴加溶剂,加热到沸腾;然后不断滴加溶剂并保持微沸,直到混合物恰好溶解。在此过程中要注意混合物中可能有不溶物,如为脱色加入的活性炭、纸纤维等,防止误加过多的溶剂。

溶剂应尽可能不过量,但这样在热过滤时,会因溶剂冷却而在漏斗中结晶,造成很大的麻烦和损失。综合考虑,一般可比需要量多加 20% 甚至更多的溶剂。

3）杂质的除去

热溶液中若还含有不溶物,应在热滤漏斗中使用短而粗的玻璃漏斗趁热过滤。过滤使用菊花形滤纸。溶液若有不应出现的颜色,待溶液稍冷后加入活性炭,煮沸 5 分钟左右进行脱色,然后趁热过滤。活性炭的用量一般为固体粗产物的 1%~5%。

4）晶体的析出

将收集的热滤液静置,缓缓冷却（一般要几小时后才能完全冷却）,不要急冷滤液,因为这样形成的结晶会很细,表面积大,吸附的杂质多。有时晶体不易析出,则可用玻璃棒摩擦器壁或加入少量该溶质的结晶,引入晶核;不得已时也可放置于冰箱中促使晶体较快地析出。

5）晶体的收集和洗涤

通过抽气过滤把结晶从母液中分离出来。滤纸的直径应小于布氏漏斗内径,抽滤后打开安全瓶活塞再停止抽滤,以免倒吸。用少量溶剂润湿晶体,继续抽滤,干燥。

6）晶体的干燥

纯化后的晶体,可根据实际情况选择自然晾干或烘箱烘干。

2. 重结晶的操作方法

（1）将待重结晶的物质制成热的饱和溶液。制饱和溶液时,溶剂可分批加入,边加热边搅拌,至固体完全溶解后,再多加 20% 左右。切不可再多加溶剂,否则冷却后析不出晶体。

如需脱色,待溶液稍冷后,加入活性炭,用量为固体质量的 1%~5%,煮沸 5~10 min。切记不可在沸腾的溶液中加入活性炭,那样会有暴沸的危险。

（2）趁热过滤除去不溶性杂质。趁热过滤前,先熟悉热滤漏斗的构造,然后放入菊花滤纸,要使菊花滤纸向外突出的棱角紧贴于漏斗壁上。为了避免干滤纸吸收溶液中的溶剂,使结晶析出而堵塞滤纸孔,可用少量热的溶剂润湿滤纸,然后将溶液沿玻璃棒倒入漏斗。过滤时,漏斗上可盖上表面皿（凹面向下）以减少溶剂的挥发。盛溶液的器皿一般用锥形瓶。

（3）抽滤。抽滤前先熟悉布氏漏斗的构造及连接方式,然后将剪好的滤纸放入,滤纸的直径切不可大于漏斗底边缘,否则滤纸会折边,滤液会从折边处流过造成损失。将滤纸润湿后,可先倒入部分滤液（不要将滤液一次倒入）,然后启动水循环泵,通过安全瓶上二通活塞调节真空度:开始真空度可低些,这样不至于将滤纸抽破;待滤饼已结一层后,再将余下溶液倒入,此时真空度可逐渐升高,直至抽"干"。停泵时,先打开放空阀再停泵,可避免倒吸。

（4）结晶的洗涤和干燥。用溶剂冲洗结晶后再次抽滤,以除去附着的母液。抽滤和洗涤后的结晶,其表面仍吸附有少量溶剂,因此需用适当的方法进行干燥。固体的干燥方法很多,可根据重结晶所用的溶剂及结晶的性质来选择,常用的方法有以下几种:空气晾干、烘干、用滤纸吸干、置于干燥器中干燥。

（四）升华

1. 升华的原理

升华指物质从固态不经过液态直接变成气态的相变过程,而升华再结晶指物质升华后在一定温度条件下重新再结晶的过程。

在升华过程中,外界要对固态物质做功,使其内能增加,温度升高。为使物质从固态变为气态,单位物质所吸收的热量必须大于升华热,以克服固态物质的分子与周围分子的亲和力和环境的压力等作用。获得足够能量的分子,其热力学自由能大大增加。当密闭容器的热环境在升华温度以上时,该分子将在容器的自由空间内按布朗运动规律扩散。如果在该容器的另一端创造一个可以释放相变潜热的环境,则将发生凝华作用而生成凝华核(即晶核)。

升华再结晶法可用于熔点下分解压力大的材料,如制备 CdS、ZnS、CdSe 等单晶。其缺点是生成速率小,生长条件难以控制。

综上可知,能用升华再结晶法提纯的固体,必须具备以下条件:

(1)固体应具有相当高的蒸气压;

(2)杂质的蒸气压与被提纯物的蒸气压有显著的差别。

2.升华的操作方法

升华操作分为常压升华和减压升华。由于升华发生在物质的表面,所以待升华物质应预先粉碎。最简单的常压升华装置如图 4.2-5(a)所示。

在蒸发皿中放入待升华的物质,上面覆盖一张穿有许多小孔的滤纸,滤纸上倒扣一口径比蒸发皿略小的玻璃漏斗,漏斗颈部塞一些脱脂棉或玻璃毛以防蒸气逸出。在热浴上缓慢加热蒸发皿,使温度控制在被提纯物的熔点以下,使其慢慢升华。蒸气通过滤纸孔上升,冷却后凝结在滤纸及漏斗壁上。必要时漏斗外壁可用湿布冷却。升华完毕,用刮刀将产品从滤纸及漏斗上轻轻刮下,放在干净的表面皿中即可得纯净产品。

扫一扫:动画《升华操作》

在常压下,除上述装置外,还可以使用图 4.2-5(b)所示的装置。

常用的减压升华装置如图 4.2-5(c)所示。在吸滤管中放入待升华物质,用装有"冷凝指"的橡皮塞严密地塞住管口,接通冷凝水,把吸滤管放入油浴或水浴中加热,利用水泵或油泵抽气减压,使其升华。升华物质被冷凝水冷却而凝结在"冷凝指"的底部。

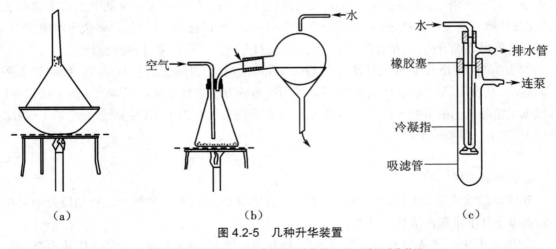

图 4.2-5　几种升华装置

(a)简易常压升华装置　(b)常规常压升华装置　(c)减压升华装置

三、蒸馏、分馏

（一）蒸馏

所谓蒸馏就是将液态物质加热到沸腾变为蒸气,又将蒸气冷凝为液体这两个过程的联合操作。蒸馏操作通常可分为常压蒸馏、减压蒸馏和水蒸气蒸馏。这里主要介绍常压蒸馏和减压蒸馏。

1. 常压蒸馏

1）蒸馏的原理

当液态物质受热时,分子运动加剧,使其从液体表面逃逸出来,形成蒸气压;随着温度升高,蒸气压增大,当蒸气压与大气压或所给压力相等时,液体沸腾,这时的温度称为该液体的沸点。每种纯液态有机化合物在一定压力下均具有固定的沸点。利用蒸馏可将沸点相差较大（如相差 30 ℃）的液态混合物分开。当蒸馏沸点差别较大的液体时,沸点较低的先蒸出,沸点较高的随后蒸出,不挥发的留在蒸馏器内,这样便可达到分离和提纯的目的。故蒸馏为分离和提纯液态有机化合物常用的方法之一,是重要的基本操作,必须熟练掌握。

为了消除在蒸馏过程中的过热现象和保证沸腾的平稳状态,常加入素烧瓷片或沸石,或一端封口的毛细管。因为它们都能防止加热时出现暴沸现象,故统称止暴剂。

在加热蒸馏前就应加入止暴剂。当加热后发觉未加止暴剂或原有止暴剂失效时,千万不可匆忙地投入止暴剂。因为当液体在沸腾时投入止暴剂,将会引起猛烈的暴沸,液体易冲出瓶口,若是易燃的液体,将会引起火灾。所以,沸腾的液体冷却至沸点以下时才能加入止暴剂。如蒸馏中途停止,则在继续蒸馏前必须补添新的止暴剂,以免出现暴沸。

蒸馏操作是有机化学实验中常用的实验技术,一般用于下列几方面:

（1）分离液体混合物,仅在混合物中各成分的沸点有较大差别时才能达到有效分离的效果;

（2）测定化合物的沸点;

（3）提纯,除去不挥发的杂质;

（4）回收溶剂,或蒸出部分溶剂以浓缩溶液。

2）蒸馏的步骤

（1）仪器安装。

常压蒸馏装置由蒸馏瓶（长颈或短颈圆底烧瓶）、蒸馏头、温度计套管、温度计、直形冷凝管、接收管、接收瓶等组装而成,见图4.2-6。

在装配过程中应注意以下事项。

①为了保证温度测量的准确性,应按照图4.2-6所示放置温度计,以确保温度计水银球上限与蒸馏头支管下限在同一水平线上。

②任何蒸馏或回流装置均不能密封,否则,当

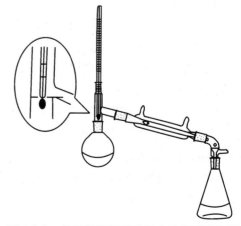

图 4.2-6　普通蒸馏装置及温度计放置的位置

液体蒸气压增大时,轻则蒸气冲开连接口,使液体冲出蒸馏瓶;重则装置会发生爆炸而引起火灾。

③安装仪器时,应首先确定仪器的高度,一般在铁架台上放一块 2 cm 厚的板,将电热套放在板上,再将蒸馏瓶放置于电热套中间。然后,按自上而下、从左至右的顺序组装,仪器组装应做到横平竖直,铁架台一律整齐地放置于仪器后面。

（2）常压蒸馏操作。

①加料:做任何实验都应先组装仪器后加原料。加液体原料时,取下温度计和温度计套管,在蒸馏头上口放一个长颈漏斗,注意长颈漏斗下口处的斜面应低于蒸馏头支管,慢慢地将液体倒入蒸馏瓶中,

②加沸石:为了防止液体暴沸,须加入 2 至 3 粒沸石。沸石为多孔性物质,刚加入液体中时小孔内有许多气泡,它可以将液体内部的气体导入液体表面,形成汽化中心。如加热中断,再加热时应重新加入沸石,因原来沸石上的小孔已被液体充满,不能再起汽化中心的作用。同理,分馏和回流时也要加沸石。

③加热:在加热前,应检查仪器装配是否正确,原料、沸石是否加好,冷凝水是否通入,确保一切无误后开始加热。开始加热时,电压可以调得略高一些,一旦液体沸腾,水银球部位出现液滴,则开始控制调压器电压,以每秒 1 至 2 滴的蒸馏速度为宜。蒸馏时,温度计水银球上应始终保持有液滴存在,如果没有液滴,说明可能有两种情况:一是温度低于沸点,体系内气液相没有达到平衡,此时应将电压调高;二是温度过高,出现过热现象,此时温度已超过沸点,应将电压调低。

④馏分的收集:收集馏分时,应取下接收馏头的容器,换一个经过干燥、称量的容器来接收馏分（即产物）。当温度超过沸程范围时,停止接收。沸程越小,蒸出的物质越纯。

⑤停止蒸馏:馏分蒸完后,如不需要接收第二组分,可停止蒸馏。此时,应先停止加热,然后将变压器调至零点,最后关掉电源,取下电热套。待稍冷却后馏出物不再继续流出时,关掉冷却水,并按安装仪器的相反顺序拆除仪器,即依次取下接收瓶、接引管、冷凝管和蒸馏烧瓶,并加以清洗。

3）注意事项

（1）蒸馏前应根据待蒸馏液体的体积选择合适的蒸馏瓶。一般以被蒸馏的液体占蒸馏瓶容积的 2/3 为宜,蒸馏瓶越大,产品损失越多。

（2）在加热开始后发现没加沸石,应停止加热,待稍冷却后再加入沸石。千万不可向沸腾或接近沸腾的溶液中加入沸石,以免在加入沸石的过程中发生暴沸。

（3）对于沸点较低又易燃的液体,如乙醚,应用水浴加热,而且蒸馏速度不能太快,以保证蒸气全部冷凝。如果室温较高,接收瓶应放在冷水中冷却,在接引管支口处连接橡胶管,将未被冷凝的蒸气导入流动的水中带走。

（4）在蒸馏沸点高于 130 ℃的液体时,应用空气冷凝管。主要原因是温度高时,以水为冷却介质,冷凝管内外温差较大,冷凝管接口处局部骤然遇冷容易断裂。

2. 减压蒸馏

1)减压蒸馏的原理

某些沸点较高的有机化合物在加热还未达到沸点时就会发生分解、聚合或氧化,所以不能用常压蒸馏。使用减压蒸馏便可避免这种现象的发生,因为有机化合物的沸点随着蒸馏系统内的压力减小而降低,当压力降低到 1.3~2.0 kPa(10~15 mmHg)时,许多有机化合物的沸点比其常压下降低 80~100 ℃。因此,减压蒸馏对于分离或提纯沸点较高或性质比较不稳定的液态有机化合物具有特别重要的意义,它亦是分离和提纯液态有机物常用的方法。

在进行减压蒸馏前,应先从文献中查阅有机化合物在所选择的压力下的相应沸点,如果文献中缺乏此数据,可用下述经验规律大致推算,以供参考。当蒸馏压力在 1 333~1 999 Pa(10~15 mmHg)时,压力每相差 133.3 Pa(1 mmHg),沸点相差约 1 ℃。也可以用图 4.2-7 的压力 - 温度关系图来查找,即由某一压力下的沸点可近似地推算出另一压力下的沸点。例如,水杨酸乙酯的沸点在常压下为 234 ℃,欲知减压至 1 999 Pa(15 mmHg)时的沸点,可在图 4.2-7 中 B 线上找到 234 ℃的点,再在 C 线上找到 1 999 Pa(15 mmHg)的点,然后通过两点连一条直线,该直线与 A 线的交点为 113 ℃,即水杨酸乙酯在 1 999 Pa(15 mmHg)时的沸点约为 113 ℃。

一般把压力范围划分为几个等级:

(1)"粗"真空[1.333~100 kPa(10~760 mmHg)],一般可用水泵获得;

(2)"次高"真空[0.133~133.3 Pa(0.001~1 mmHg)],可用油泵获得;

(3)"高"真空[< 0.133Pa(< 10^{-3} mmHg)],可用扩散泵获得。

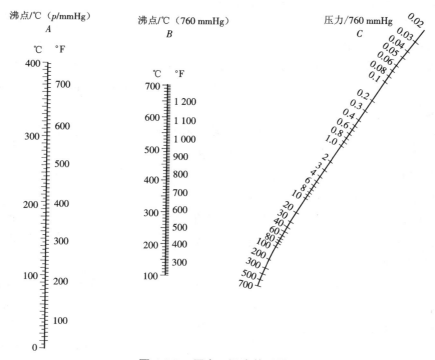

图 4.2-7 压力 - 温度关系图

2）减压蒸馏的装置

减压蒸馏装置是由蒸馏瓶、克氏蒸馏头（或用 Y 形管与蒸馏头组成）、直形冷凝管、真空接引管（双股接引管或多股接引管）、接收瓶、安全瓶、压力计和油泵（或循环水泵）组成的，见图 4.2-8。

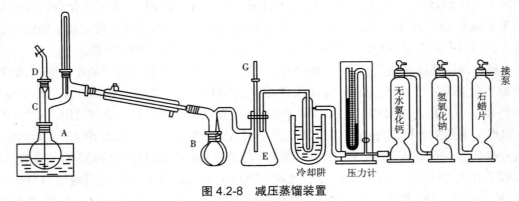

图 4.2-8 减压蒸馏装置
A—减压蒸馏烧瓶；B—接收瓶；C—毛细管；D—螺旋夹；E—安全瓶；G—二通活塞

（1）蒸馏部分：A 为减压蒸馏烧瓶，也称克氏蒸馏烧瓶，有两个颈，能防止减压蒸馏时瓶内液体由于暴沸而冲入冷凝管中。在带支管的瓶颈中插入温度计（安装要求与常压蒸馏相同），另一瓶颈中插入一根毛细管 C（也称起泡管），其长度恰好使其下端离瓶底 1~2 mm。毛细管上端连一段带螺旋夹 D 的橡皮管，用以调节进入空气的量。当极少量的空气进入液体时，呈微小气泡冒出，产生液体沸腾的汽化中心，使蒸馏平稳进行。减压蒸馏的毛细管要粗细合适，否则达不到预期的效果。一般的检查方法是将毛细管插入少量丙酮或乙醚中，由另一端吹气，若从毛细管中冒出一连串小气泡，则毛细管合用。

接收瓶 B 常用圆底烧瓶或蒸馏烧瓶（切不可用平底烧瓶或锥形瓶）。蒸馏时若要收集不同的馏分而又不中断蒸馏，则可用两股或多股接引管。转动多股接引管，就可使不同馏分收集到不同的接收瓶中。

应根据减压时馏出液的沸点选用合适的热浴和冷凝管。一般热浴的温度比液体沸点高20~30 ℃。为使加热均匀平稳，减压蒸馏中常选用水浴或油浴。

（2）减压部分：实训室通常用水泵或油泵抽气减压。应根据实训要求选用减压泵。由于真空度愈高，操作要求愈严，所以能用水泵减压蒸馏的物质尽量使用水泵。

（3）保护及测压部分：使用水泵减压时，必须在馏液接收瓶与水泵之间装上安全瓶 E，安全瓶为耐压的抽滤瓶或其他广口瓶，瓶上的二通活塞 G 用于调节系统内压力及防止水压骤然下降时，水泵的水倒吸入接收瓶中。

若用油泵减压时，油泵与接收瓶之间除连接安全瓶外，还须顺次安装冷却阱和几种吸收塔以防止易挥发的有机溶剂、酸性气体和水蒸气进入油泵，污染泵油，腐蚀机体，降低油泵减压效能。冷却阱置于盛有冷却剂（如冰盐混合物等）的广口保温瓶中，用以除去易挥发的有机溶剂；吸收塔装无水氯化钙或硅胶用以吸收水蒸气，装氢氧化钠（粒状）用以吸收酸性气体和水蒸气(装浓硫酸则可用以吸收碱性气体和水蒸气),装石蜡片用以吸收烃类气体。使用时可按实训的具体情况加以组装。

减压装置的整个系统必须保持密封不漏气。

3)减压蒸馏操作

按图 4.2-8 安装好仪器(注意安装顺序),检查蒸馏系统是否漏气。方法是旋紧毛细管上的螺旋夹 D,打开安全瓶上的二通活塞 G,旋开水银压力计的活塞,然后开泵抽气(如用水泵,这时应开至最大流量)。逐渐关闭 G,从压力计上观察系统所能达到的压力,若压力降不下来或变动不大,应检查装置中各部分的塞子和橡皮管的连接是否紧密,必要时可用熔融的石蜡密封。磨口仪器可在磨口接头的上部涂少量真空油脂进行密封(密封应在解除真空后才能进行)。检查完毕后,缓慢打开安全瓶上的二通活塞 G,使系统与大气相通,压力计缓慢复原,关闭油泵停止抽气。

将待蒸馏液装入蒸馏烧瓶中,以不超过后者容积的 1/2 为宜。若被蒸馏物质中含有低沸点物质,在进行减压蒸馏前,应先进行常压蒸馏,然后用水泵减压,尽可能除去低沸点物质。

按上述操作方法开泵减压,通过小心调节安全瓶上的二通活塞 G 达到实验所需真空度。若在现有条件下仍达不到所需真空度,可按原理中所述方法,查出在所能达到的压力条件下物质的近似沸点,进行减压蒸馏。

当调节到所需真空度时,调节螺旋夹 D,使液体中有连续平稳的小气泡通过。接着将蒸馏烧瓶浸入水浴或油浴中,通入冷凝水,开始加热蒸馏。加热时,蒸馏烧瓶的圆球部分至少应有 2/3 浸入热浴中。待液体开始沸腾,调节热源的温度,控制馏出速度为每秒 1 至 2 滴。

在整个蒸馏过程中都要密切注意温度和压力的读数,并及时记录。纯物质的沸点浮动范围一般为 1~2 ℃,有时因压力有所变化,沸程会稍大一点。

蒸馏完毕时,应先移去热源,待稍冷后,稍稍旋松螺旋夹 D,缓慢打开安全瓶上的二通活塞 G,解除真空,待系统内外压力平衡后方可关闭减压泵。

4)注意事项

(1)减压蒸馏装置中与减压系统连接的橡皮管都应用耐压橡皮管,否则在减压时橡皮管会因被抽瘪而导致堵塞。

(2)一定要缓慢旋开安全瓶上的活塞,使压力计中的汞柱缓慢地恢复原状,否则,汞柱急速上升,有冲破压力计的危险。

(二)分馏

简单分馏主要用于分离两种或两种以上沸点相近且混溶的有机化合物。分馏在实验室和工业生产中广泛应用,工程上常称为精馏。

1.分馏原理

简单蒸馏只能使液体混合物得到初步的分离。理论上将简单蒸馏得到的馏出液,再次部分汽化冷凝,可以得到纯度更高的馏出液,而将简单蒸馏剩余的混合液再次部分汽化,可以得到易挥发组分含量更低、难挥发组分含量更高的混合液。只要上面这一过程足够多,就可以将两种沸点相近的有机化合物组成的混合物溶液分离成纯度很高的易挥发组分和难挥发组分两种产品。简言之,分馏即为反复多次的简单蒸馏。在实验室常采用分馏柱来实现,而工业上采用精馏塔进行操作。

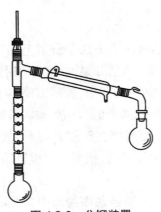

图 4.2-9　分馏装置

2. 分馏装置

分馏装置与简单蒸馏装置类似,不同之处是在蒸馏瓶与蒸馏头之间加了一根分馏柱,如图 4.2-9 所示。分馏柱的种类很多,实验室常用韦氏分馏柱。半微量实验一般用填料柱,即一根管内填装了惰性材料(如玻璃、陶瓷或螺旋形、马鞍形等各种形状的金属小片)的玻璃管。

3. 分馏过程及操作要点

当液体混合物沸腾时,混合物蒸气进入分馏柱(可以是填料塔,也可以是板式塔),蒸气沿柱身上升,通过柱身进行热交换,在塔内进行反复多次的冷凝—汽化—再冷凝—再汽化过程,以保证达到柱顶的蒸气为纯的易挥发组分,而蒸馏瓶中的液体为难挥发组分,从而高效率地将混合物分离。分馏柱内的组分浓度沿柱身存在着动态平衡,不同高度段存在着温度梯度,此过程是一个热和质的传递过程。

为了得到良好的分馏效果,应注意以下几点。

(1)在分馏过程中,不论使用哪种分馏柱,都应防止回流液体在柱内聚集,否则会减小液体和蒸气的接触面积,甚至发生上升的蒸气将液体冲入冷凝管中的情况,达不到分馏的目的。为了避免这种情况发生,需在分馏柱外面包一定厚度的保温材料,以保证柱内具有一定的温度,防止蒸气在柱内冷凝太快。当使用填充柱时,填料装得太紧或不均匀往往会造成柱内液体聚集,这时需要重新装柱。

(2)对分馏来说,在柱内保持一定的温度梯度是极为重要的。在理想情况下,柱温度与蒸馏瓶内液体沸腾时的温度接近。柱内自下而上温度不断降低,柱顶接近易挥发组分的沸点。一般情况下,柱内温度梯度的保持是通过调节馏出液的馏出速度来实现的:若加热速度快,蒸出速度也快,柱内温度梯度变小,会影响分离效果;若加热速度慢,蒸出速度也慢,柱身会被流下来的冷凝液阻塞,这种现象称为液泛。可以通过控制回流比来避免上述情况出现。所谓回流比,是指冷凝液流回蒸馏瓶的速度与柱顶蒸气通过冷凝管流出速度的比值。回流比越大,分离效果越好。回流比的大小根据物系和操作情况而定,一般控制在 4:1,即冷凝液流回蒸馏瓶的速度为每秒 4 滴,柱顶馏出液的馏出速度为每秒 1 滴。

(3)液泛能使柱身及填料完全被液体浸润,在分离开始时,可以人为地利用液泛将液体均匀地分布在填料表面,充分发挥填料本身的作用,这种做法叫作预液泛。一般分馏时,先将电压调得稍大些,一旦液体沸腾就应将电压调小,当蒸气冲到柱顶还未达到温度计水银球部位时,通过控制电压使蒸气保证在柱顶全回流,这样维持 5 min。再将电压调至合适的位置,此时,应控制好柱顶温度,使馏出液以每两三秒 1 滴的速度平稳流出。

四、萃取

萃取是物质从一相向另一相转移的操作过程。它是有机化学实验中用来分离或纯化有机化合物的基本操作之一。利用萃取可以从固体或液体混合物中提取出所需要的物质,也可以洗去混合物中的少量杂质。通常称前者为"萃取"(或"抽提"),后者为"洗涤"。

根据被提取物质状态的不同,将萃取分为两种:一种是用溶剂从液体混合物中提取物质,称为液－液萃取;另一种是用溶剂从固体混合物中提取所需物质,称为液－固萃取。

1. 基本原理

1)液－液萃取

液－液萃取是利用物质在两种互不相溶(或微溶)的溶剂中溶解度或分配系数的不同,使物质从一种溶剂转移到另一种溶剂的过程。分配定律是液－液萃取的主要理论依据。在两种互不相溶的混合溶剂中加入某种可溶性物质时,它能以不同的溶解度分别溶解于此两种溶剂中。实验证明,在一定温度下,若该物质的分子在此两种溶剂中不发生分解、电离、缔合和溶剂化等作用,则此物质在两液相中浓度之比是一个常数,不论所加物质的量是多少都是如此。用公式表示即

$$\frac{c_A}{c_B} = K$$

式中　c_A、c_B——一种物质在 A、B 两种互不相溶的溶剂中的物质的量浓度;

K——分配系数,可以近似地看作物质在两种溶剂中的溶解度之比。

由于有机化合物在有机溶剂中的溶解度一般比在水中大,因而可以用与水不互溶的有机溶剂将有机物从水溶液中萃取出来。为了节省溶剂并提高萃取效率,根据分配定律,将一定量的溶剂一次加入溶液中萃取不如将同量的溶剂分成几份作多次萃取效率高。可用下式来说明。

设 V 为被萃取溶液的体积(mL),W 为被萃取溶液中有机物(X)的总量(g),W_n 为萃取 n 次后有机物(X)剩余量(g),S 为萃取溶剂的体积(mL),则经 n 次提取后有机物(X)剩余量可用下式计算:

$$W_n = W\left(\frac{KV}{KV + S}\right)^n$$

当用一定量的溶剂萃取时,希望有机物在水中的剩余量越少越好。而上式 $KV/(KV+S)$ 总是小于 1,所以 n 越大,W_n 就越小,即将溶剂分成数份作多次萃取比用全部量的溶剂作一次萃取的效果好。但是,萃取的次数也不是越多越好,因为溶剂总量不变时,萃取次数 n 增加,S 就要减小。当 $n > 5$ 时,n 和 S 这两个因素的影响几乎相互抵消,n 再增加,$W_n/(W_n+1)$ 的变化很小,所以一般固体积溶剂分为 3 至 5 次萃取即可。

一般从水溶液中萃取有机物时,选择合适萃取溶剂的原则是:溶剂在水中的溶解度很小或几乎不溶;被萃取物在溶剂中的溶解度要比在水中大;溶剂与水和被萃取物都不反应;萃取后溶剂易于和溶质分离开,因此最好用低沸点溶剂,萃取后溶剂可用常压蒸馏回收。此外,还要考虑溶剂的价格、毒性、易燃性以及操作难度等因素。

经常使用的溶剂有乙醚、苯、四氯化碳、氯仿、石油醚、二氯甲烷、二氯乙烷、正丁醇、醋酸酯等。一般水溶性较小的物质可用石油醚萃取;水溶性较大的可用苯或乙醚萃取;水溶性极大的用乙酸乙酯萃取。

常用的萃取操作有三种:用有机溶剂从水溶液中萃取有机反应物;通过水萃取,从反应混合物中除去酸碱催化剂或无机盐类;用稀碱或无机酸溶液萃取有机溶剂中的酸或碱,使之与其他的有机物分离。

图 4.2-10 索氏提取器

2)液-固萃取

从固体混合物中萃取所需要的物质是利用不同固体物质在同种溶剂中的溶解度不同来达到分离、提取目的的。通常用长期浸出法或采用索氏(Soxhlet)提取器(又称脂肪提取器,图 4.2-10)来提取物质。前者是用溶剂长期的浸润溶解而将固体物质中所需物质浸出来,然后用过滤或倾析的方法把萃取液和残留的固体分开。这种方法效率不高,时间长,溶剂用量大,实验室不常采用。

索氏提取器利用溶剂加热回流及虹吸原理,使固体物质每一次都能为纯的溶剂所萃取,因而效率较高并节约溶剂,但对受热易分解或变色的物质不宜采用。索氏提取器由三部分构成,上面是冷凝管,中部是带有虹吸管的提取管,下面是烧瓶。萃取前应先将固体物质研细,以增加液体浸润的面积,然后将固体物质放入滤纸套内,并将滤纸套放入提取器内,滤纸筒高度不得超过虹吸管上端,溶剂由上部经中部虹吸加入烧瓶中。当溶剂沸腾时,蒸气通过通气侧管上升,被冷凝管凝成液体,滴入提取管中。当液面超过虹吸管的最高处时,产生虹吸,萃取液自动流入烧瓶中,因而萃取出溶于溶剂的部分物质。再蒸发溶剂,如此循环多次,直到待萃取物质大部分被萃取为止。最后,固体中可溶物质富集于烧瓶中,然后用适当方法将待萃取物质从溶液中分离出来。

固体物质还可用热溶剂萃取,特别是对冷时难溶而热时易溶的物质,必须用热溶剂萃取。一般采用回流装置进行热提取,固体混合物在一段时间内被沸腾的溶剂浸润溶解,从而将所需的有机物提取出来。为了防止有机溶剂的蒸气逸出,常用回流冷凝装置,使蒸气不断地在冷凝管内冷凝,返回烧瓶中。回流的速度应控制在溶剂蒸气上升的高度不超过冷凝管的 1/3 为宜。

诺贝尔奖获得者屠呦呦提取青蒿素研究中曾查阅东晋名医葛洪《肘后备急方》中有"青蒿一握,水二升渍,绞取汁,尽服之"截疟的记载,深受启发。这种提取方法就是固液萃取。屠呦呦在多次尝试失败后,借鉴古文献,创新设计了提取方案:低沸点乙醚提取青蒿素(提取溶剂与被提取物性质关系),较低温度不破坏结构且乙醚不影响生物活性,领导团队开创性地从中草药中分离出青蒿素应用于疟疾治疗。这也说明信息收集、准确解析是研究发现成功的基础。

2. 操作方法

萃取常用的仪器是分液漏斗。使用前应先检查下口活塞和上口塞子是否有漏液现象。在活塞处涂少量凡士林,旋转几圈将凡士林涂均匀。在分液漏斗中加入一定量的水,将上口塞子塞好,上下摇动分液漏斗中的水,检查是否漏水。确定不漏后才能使用。

将待萃取的原溶液倒入分液漏斗中,再加入萃取剂(如果是洗涤,应先将水溶液分离后,再加入洗涤溶液),将塞子塞紧,用右手的拇指和中指拿住分液漏斗,食指压住上口塞子,左手的食指和中指夹住下口管,同时,食指和拇指控制活塞(图 4.2-11)。然后将漏斗平放,前后摇动或作圆周运动,使液体振动起来,两相充分接触。在振动过程中应注意不断放气,以免萃取或洗涤时,内部压力过大,顶开漏斗的塞子,使液体喷出,严重时会引起漏斗爆炸,造成伤人事故。放气时,将漏斗的下口向上倾斜,使液体集中在下面,用控制活塞的拇指和食指打开活塞放气,注意不要对着人,一般动两三次就放一次气。

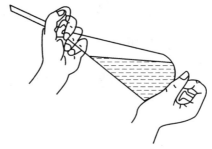

图 4.2-11　手握分液漏斗的姿势

经几次摇动放气后,将漏斗放在铁架台的铁圈上,将塞子上的小槽对准漏斗上的通气孔,静止 2~5 min。待液体分层后将萃取相倒出(即有机相),放入一个干燥好的锥形瓶中,萃余相(水相)再加入新萃取剂继续萃取。重复以上操作过程。

萃取结束后,合并萃取相,并加入干燥剂进行干燥。干燥后,先将低沸点的物质和萃取剂用简单蒸馏的方法蒸出,然后视产品的性质选择合适的纯化手段。

当被萃取的原溶液量很少时,可采取微量萃取技术进行萃取。取一支离心分液管放入原溶液和萃取剂,盖好盖子,用手摇动分液管或用滴管向液体中鼓气,使液体充分接触,并注意随时放气。静置分层后,用滴管将萃取相吸出,在萃余相中加入新的萃取剂继续萃取。以后的操作如前所述。

在萃取操作中应注意以下几个问题。

(1)分液漏斗中的液体不易太多,以免摇动时影响液体接触而使萃取效果下降。

(2)液体分层后,上层液体由上口倒出,下层液体由下口经活塞放出,以免污染产品。

(3)当溶液呈碱性时,常产生乳化现象。有时存在少量轻质沉淀、两液相密度接近、两液相部分互溶等都会引起分层不明显或不分层。此时,静置时间应长一些,或加入一些食盐,增加两相的密度,使絮状物溶于水中,迫使有机物溶于萃取剂中;或加入几滴酸、碱、醇等,以破坏乳化现象。如上述方法都不能破坏絮状物,在分液时,应将絮状物与萃余相(水层)一起放出。

(4)液体分层后应正确判断萃取相(有机相)和萃余相(水相),一般根据两相的密度来确定,密度大的在下面,密度小的在上面。如果一时判断不清,应将两相分别保存起来,待弄清后,再弃掉不要的液体。

五、洗气

用于气-气分离(杂质气体与试剂反应)。如用饱和食盐水除去 Cl_2 中的 HCl,用溴水除去 CH_4 中的 C_2H_2 等。

注意:混合气通过洗气瓶时,应从长管进短管出。

六、渗析

用于胶体与溶液中溶质的分离。如除去淀粉胶体中的 NaCl 等。

注意：混合物装入半透膜袋中，在蒸馏水中浸泡适当时间。

七、盐析

用于从混合物中分离出胶体。如向硬脂酸钠溶液中加入食盐细粒，向蛋清中加入饱和 $(NH_4)_2SO_4$ 等。

技能操作 1　常压及减压过滤

一、技能目标

（1）掌握滤纸的四折法；

（2）熟练进行常压过滤操作；

（3）掌握减压过滤操作方法。

二、素质目标

（1）实训开始前，按要求清点仪器，并做好实训准备工作；

（2）实训过程中，保持实训台整洁；

（3）按实训要求准确记录实训过程，完成实训报告；

（4）实训结束后，认真清洗仪器，清点实训仪器并恢复实训台原样；

（5）全班完成实训任务后，做好实训室卫生。

三、实训操作提示

（1）滤纸的四折法。

（2）常压过滤操作的注意事项。

①调整漏斗架的高度，使漏斗末端紧靠接收器内壁。

②先倾倒溶液，后转移沉淀，转移时应使用搅拌棒。倾倒溶液时，应使搅拌棒指向三层滤纸处。漏斗中的液面高度应低于滤纸高度的 2/3。

③如果沉淀需要洗涤，应待溶液转移完毕，将少量洗涤剂倒入沉淀，然后用搅拌棒充分搅动，静止放置一段时间，待沉淀下沉后，将上方清液倒入漏斗，如此重复洗涤 2 至 3 遍，最后把沉淀转移到滤纸上。

（3）减压过滤操作的注意事项。

①布氏漏斗的下端斜口应正对吸滤瓶的侧管。滤纸要比布氏漏斗内径略小，但必须全部覆盖漏斗的小孔。

②使用同一溶剂将滤纸润湿后抽滤。

③停止抽滤或需要用溶剂洗涤晶体时，先将吸滤瓶侧管上的橡皮管拔开，或将安全瓶的活塞打开与大气相通，再关闭水泵，以免水倒流入吸滤瓶内。

四、思考题

（1）什么情况下需要热过滤？

（2）减压过滤时如需停止抽滤，应怎样操作？

（3）加压过滤装置中安全瓶起到什么作用？

任务评价

操作要点	考核标准	分值	得分
常压过滤	滤纸四折法折叠方式正确	10	
	选用的滤纸与漏斗相匹配	10	
	用水润湿滤纸，滤纸与漏斗间无气泡	10	
	过滤操作标准	10	
减压过滤	选用的滤纸与布氏漏斗相匹配	10	
	减压抽滤装置连接方式正确	10	
	布氏漏斗下端斜口正对吸滤瓶侧管	10	
	减压过滤操作正确	10	
	停止抽滤操作顺序正确	10	
实训习惯	实训过程中保持实训台整洁	5	
	实训完毕，及时收拾实训台	5	

实训操作记录

任务名称:

实训地点:　　　　　姓名:　　　　　班级:　　　　　完成日期:

一、实训目的

二、仪器与试剂

三、实训步骤

1. 常压过滤

2. 减压过滤

技能操作 2　热过滤

一、技能目标

（1）掌握滤纸的多折法；
（2）掌握热过滤操作方法；
（3）能熟练进行重结晶操作。

二、素质目标

（1）实训开始前，按要求清点仪器，并做好实训准备工作；
（2）实训过程中，保持实训台整洁；
（3）按实训要求准确记录实训过程，完成实训报告；
（4）实训结束后，认真清洗仪器，清点实训仪器并恢复实训台原样；
（5）全班完成实训任务后，做好实训室卫生。

三、实训操作提示

（1）滤纸的多折法。
（2）重结晶操作要点。
①将待重结晶物质制成热的饱和溶液。
②趁热过滤除去不溶性杂质。
③抽滤。
④结晶的洗涤和干燥。

四、思考题

（1）怎样选择重结晶所用的溶剂？
（2）重结晶过程为什么要进行热过滤？
（3）洗涤结晶产品时可否用大量溶剂冲洗？

任务评价

操作要点	考核标准	分值	得分
热过滤滤纸的折叠	滤纸多折法折叠方式正确	10	
重结晶操作	选用的滤纸与热过滤漏斗相匹配	10	
	正确选择合适的溶剂	15	
	热过滤操作正确	15	
	抽滤操作正确	15	
	结晶洗涤方式正确	15	
实训习惯	实训过程中保持实训台整洁	10	
	实训完毕，及时收拾实训台	10	

实训操作记录

任务名称：

实训地点： 姓名： 班级： 完成日期：

一、实训目的

二、仪器与试剂

三、实训步骤

技能操作 3　蒸馏及分馏装置的组装

一、技能目标

（1）能熟练组装蒸馏装置；

（2）能熟练组装分馏装置。

二、素质目标

（1）实训开始前，按要求清点仪器，并做好实训准备工作；

（2）实训过程中，保持实训台整洁；

（3）按实训要求准确记录实训过程，完成实训报告；

（4）实训结束后，认真清洗仪器，清点实训仪器并恢复实训台原样；

（5）全班完成实训任务后，做好实训室卫生。

三、实训操作提示

1. 蒸馏装置的组装

1）普通蒸馏装置

普通蒸馏装置如图 4.2-6 所示。

2）组装注意事项

（1）为了保证温度测量的准确性，温度计水银球的位置应如图所示放置，即温度计水银球上端与蒸馏头支管下端在同一水平线上。

（2）任何蒸馏或回流装置均不能密封，否则，当液体蒸气压增大时，轻则蒸气冲开连接口，使液体冲出蒸馏瓶，重则装置会发生爆炸而引起火灾。

（3）安装仪器时，应首先确定仪器的高度，一般在铁架台上放一块 2 cm 厚的板，将电热套放在板上，再将蒸馏瓶放置于电热套中间。然后，按自上而下、从左至右的顺序组装，仪器组装应做到横平竖直，铁架台一律整齐地放置于仪器后面。

2. 分馏装置的组装

分馏装置如图 4.2-9 所示。

四、思考题

（1）对普通蒸馏装置中水银球的位置有何要求？

（2）蒸馏装置与分馏装置的不同之处是什么？

任务评价

操作要点	考核标准	分值	得分
蒸馏装置的组装	蒸馏装置仪器选择正确	10	
	组装顺序正确	15	
	水银球位置正确	10	
	拆装顺序正确	10	
分馏装置的组装	分馏装置仪器选择正确	10	
	组装顺序正确	15	
	拆装顺序正确	10	
实训习惯	实训过程中保持实训台整洁	10	
	实训完毕,及时收拾实训台	10	

实训操作记录

任务名称：

实训地点：　　　　　**姓名：**　　　　**班级：**　　　　**完成日期：**

一、实训目的

二、仪器与试剂

三、实训步骤

1. 蒸馏装置的组装

2. 分馏装置的组装

技能操作4　萃取操作

一、技能目标

（1）能合理选择萃取剂；
（2）能熟练进行萃取操作。

二、素质目标

（1）实训开始前，按要求清点仪器，并做好实训准备工作；
（2）实训过程中，保持实训台整洁；
（3）按实训要求准确记录实训过程，完成实训报告；
（4）实训结束后，认真清洗仪器，清点实训仪器并恢复实训台原样；
（5）全班完成实训任务后，做好实训室卫生。

三、实训操作提示

1. 萃取操作要点
（1）检查分液漏斗的活塞及塞子是否漏液。
（2）将分液漏斗放在铁圈上。
（3）萃取振荡。
（4）分液。

2. 萃取操作注意事项
（1）分液漏斗中的液体不可太多，装入量不要超过分液漏斗体积的2/3，液体太多，会影响分离效果。
（2）萃取时如分层不明显或不分层，解决办法是静置时间长一些，或加入少量电解质（如食盐等）。
（3）液体分层后正确判断有机相和水相，一般根据密度来确定，密度大的在下层，密度小的在上层。
（4）分液漏斗与碱性物质接触后，要冲洗干净。

四、思考题

（1）萃取振荡后，分液漏斗为什么要放气？
（2）萃取时若出现不分层的现象，应如何处理？

任务评价

操作要点	考核标准	分值	得分
萃取操作	查漏	10	
	分液漏斗中液体不超过 2/3	10	
	摇动分液漏斗方式正确	15	
	分液漏斗放气	10	
	静置	10	
	正确判断有机相和无机相	15	
	分液操作正确	10	
实训习惯	实训过程中保持实训台整洁	10	
	实训完毕,及时收拾实训台	10	

实训操作记录

任务名称：

实训地点：　　　　　姓名：　　　　　班级：　　　　　完成日期：

一、实训目的

二、仪器与试剂

三、实训步骤

模块五　实训项目

【学习目标】

（1）掌握常用的化学分析基本原理、分析过程、数据处理方法；

（2）能够进行常见的有机化学相关操作；

（3）能够进行基础的无机化学相关操作；

（4）能够进行常见的化工产品检验的规范操作；

（5）树立安全生产、环境保护的责任意识，具备团队合作能力；

（6）增强获取新知识、新技能的学习能力，解决实际问题的工作能力。

（7）培养实事求是的科学态度、严谨细致的工作作风和坚忍不拔的科学品质。

任务 5-1　移液管、吸量管及容量瓶的使用

知识链接

一、移液管、吸量管

移液管是用于准确量取一定体积溶液的量出式玻璃量器，全称为单标线吸量管，习惯称为移液管。管颈上部刻有一标线，此标线的位置是由放出纯水的体积所决定的。其容量定义为在 20 ℃时排空后所流出纯水的体积，单位为 cm^3。移液管的形式如图 5.1-1（a）所示。

吸量管的全称是分度吸量管，它是带有分度线的量出式玻璃量器。吸量管用于移取非固定量的溶液。吸量管的形式如图 5.1-1（b）所示，它有以下几种规格。

（1）完全流出式：有零刻度在上和零刻度在下两种形式。

（2）不完全流出式：零刻度在上面。

（3）规定等待时间式：零刻度在上面。使用过程中，液面降至流液口处后，要等待 15 s，再从受液容器中移走吸量管。

（4）吹出式：有零刻度在上和零刻度在下两种形式，均为完全流出式。使用过程中液面降至流液口并静止时，应随即将最后一滴残留的溶液一次吹出。

目前，市场上还有一种标有"快"的吸量管，其与吹出式吸量管相似。

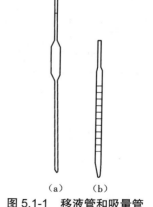

图 5.1-1　移液管和吸量管

（a）移液管　（b）吸量管

二、容量瓶

容量瓶的主要用途是配制准确浓度的溶液或定量地稀释溶液。容量瓶是细颈梨形平底玻璃瓶,由无色或棕色玻璃制成,带有磨口玻璃塞或塑料塞,颈上有一标线。容量瓶均为量入式,其容量定义为在 20 ℃时,充满至标线所容纳水的体积,单位为 cm^3。容量瓶的形式如图 5.1-2 所示。

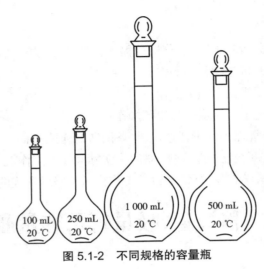

图 5.1-2   不同规格的容量瓶

三、移液管及容量瓶的校准方法

移液管和容量瓶都具有刻度和标称容量,作为量器产品允许有一定的容量误差。国家规定的容量瓶和移液管的容量允差见表 5.1-1 和表 5.1-2。

表 5.1-1   常用容量瓶的容量允差

标称容量 /mL		5	10	25	50	100	200	250	500	1 000	2 000
容量允差(±)/mL	A	0.02	0.02	0.03	0.05	0.10	0.15	0.15	0.25	0.40	0.60
	B	0.04	0.04	0.06	0.10	0.20	0.30	0.30	0.50	0.80	1.20

表 5.1-2   常用移液管的容量允差

标称容量 /mL		2	5	20	20	25	50	100
容量允差(±)/mL	A	0.010	0.015	0.020	0.030	0.030	0.050	0.080
	B	0.020	0.030	0.040	0.060	0.060	0.100	0.160

量器的准确度对于一般分析已经足够,但在准确度要求较高的分析测试中,对使用的量器进行校准是必要的。校准的方法有绝对校准法和相对校准法。

1. 绝对校准法

这种方法的原理是用分析天平称量被校量器中量入或量出的纯水的质量 m，再根据纯水的密度 ρ 计算出被校量器的实际容量，即 $V_{20}=m/\rho$，单位是 L。1 L 是指在真空中，1 kg 的水在最大密度时（3.98 ℃）所占的体积。换句话说，就是在 3.98 ℃和真空中称量所得的水的质量（g），在数值上就等于它以毫升（mL）为单位的体积。

由于玻璃的热胀冷缩，在不同温度下量器的容积也不同。因此，规定使用玻璃量器的标准温度为 20 ℃。各种量器上标出的刻度和容量，称为在标准温度 20 ℃时量器的标称容量。但是，在实际校准工作中，容器中水的质量是在室温下和空气中称量的。因此必须考虑如下三个方面的影响：

（1）空气浮力使质量改变；

（2）水的密度随温度而改变；

（3）玻璃容器本身容积随温度而改变。

考虑了上述的影响，可得出 20 ℃时容量为 1 L 的玻璃容器在不同温度时所盛水的质量（表 5.1-3），据此计算量器的校准值十分方便。

需要特别指出的是，校准不当和使用不当都是产生容量误差的主要原因，其误差甚至可能超过允许误差或量器本身的误差。因而在校准时务必正确、仔细地进行操作，尽量减小校准误差。如果要使用校准值，则校准次数不应少于 2 次，且 2 次校准数据的偏差应不超过该量器容量允差的 1/4，取平均值作为校准值。

表 5.1-3 玻璃容器中 1 mL 水在空气中用黄铜砝码称得的质量

温度 /℃	质量 /g	温度 /℃	质量 /g	温度 /℃	质量 /g	温度 /℃	质量 /g
1	0.998 24	11	0.998 32	21	0.997 00	31	0.994 64
2	0.998 34	12	0.998 23	22	0.996 80	32	0.994 34
3	0.998 39	13	0.998 14	23	0.996 60	33	0.994 06
4	0.998 44	14	0.998 04	24	0.996 38	34	0.993 75
5	0.998 48	15	0.997 93	25	0.996 17	35	0.993 45
6	0.998 50	16	0.997 80	26	0.995 39	36	0.993 12
7	0.998 50	17	0.997 65	27	0.995 69	37	0.992 80
8	0.998 48	18	0.997 51	28	0.995 44	38	0.992 46
9	0.998 44	19	0.997 34	29	0.995 18	39	0.992 12
10	0.998 39	20	0.997 18	30	0.994 91	40	0.991 77

2. 相对校准法

相对校准法是比较两个容器所盛液体体积的比例关系的称量方法。在实际的分析工作中，容量瓶与移液管常常配套使用，如将一定量的物质溶解后在容量瓶中定容，用移液管取出一部分进行定量分析。因此，重要的不是知道所用容量瓶和移液管的绝对体积，而是容量瓶与移液管的溶剂比是否正确，如用 25 mL 移液管从 250 mL 容量瓶中移出的溶液体积是否是容量瓶体积的 1/10，一般只需要作容量瓶和移液管的相对校准。

校准的方法如下：用洗净的 25 mL 移液管吸取蒸馏水，放入洗净沥干的 250 mL 容量瓶中,平行移取 10 次,观察容量瓶中水的弯月面下缘是否与标线相切,若正好相切,说明移液管与容量瓶体积比为 1∶10;若不相切,表示有误差,记下弯月面下缘的位置,待容量瓶沥干后再校准 1 次;连续 2 次实验相符后,用一平直的窄纸条贴在与弯月面相切之处,并在纸条上刷蜡或贴一块透明胶布以保护此标记。以后可按所贴标记配套使用容量瓶与移液管。

　　用于取样的移液管必须采用绝对校准法校准。绝对校准法准确,但操作比较麻烦。相对校准法操作简单,但必须配套使用。

技能操作

一、技能目标

　　(1)正确掌握移液管、吸量管及容量瓶的洗涤过程;
　　(2)正确操作移液管、吸量管及容量瓶进行实验;
　　(3)正确读数;
　　(4)正确记录数据。

二、素质目标

　　(1)实训开始前,按要求清点仪器,并做好实训准备工作;
　　(2)实训过程中,保持实训台整洁;
　　(3)按实训要求准确记录实训过程,完成实训报告;
　　(4)实训结束后,认真清洗仪器,清点实训仪器并恢复实训台原样;
　　(5)全班完成实训任务后,做好实训室卫生。

三、实训操作提示

　　(1)移液管和容量瓶的相对校准。
　　(2)移液管和吸量管的使用。
　　①使用前用铬酸洗液将移液管和吸量管洗干净,使其内壁及下端的外壁不挂水珠。移取溶液前,用待取溶液润洗 3 次。
　　②移取溶液的正确操作姿势见图 5.1-3,先将移液管插入烧杯内液面以下 1~2 cm 深度,左手拿吸耳球,排空空气后紧按在移液管管口上,然后借助吸力使液面慢慢上升,当管中液面上升至标线以上时,迅速用右手食指按住管口,左手持烧杯并使其倾斜 30°,将移液管流液口靠到烧杯的内壁,稍松食指并用拇指及中指捻转管身,使液面缓缓下降,直到调定零点,使溶液不再流出。将移液管插入准备接收溶液的容器中,仍使其流液口接触倾斜的器壁,松开食指,使溶液自由地沿壁流下,再等待 15 s,拿出移液管。这时,在管尖部位仍留有少量溶液,对此,除特别注明“吹”字的移液管以外,一般管尖部位留存的溶液是不能吹入接收容器中的,因为工厂在生产、检定移液管时没有把这部分体积算进去。但必须指出的是,由于一些管口尖部做得不很圆滑,因此可能造成留存在管尖部位的溶液体积的变化,为此,可在等待 15 s 后,将管身左

右转动一下,这样管尖部分每次留存的溶液体积将会基本相同,不会导致平行测定时的过大误差。

用吸量管吸取溶液时,操作步骤与移液管大体相同。实验中要尽量使用同一支吸量管,以免带来误差。

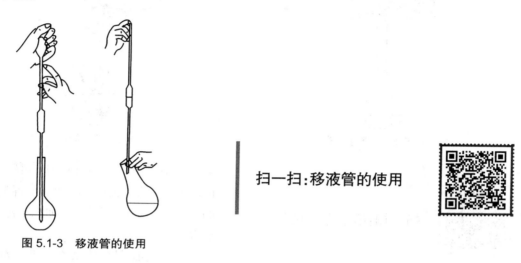

扫一扫:移液管的使用

图 5.1-3　移液管的使用

（3）容量瓶的使用。

①检查瓶口是否漏水。先向容量瓶中加入约占容量瓶容积 1/2 的水,盖好瓶塞。然后用左手食指按住瓶塞,其余手指拿住瓶颈标线以上部位,右手托住瓶底边缘,倒置容量瓶,检查瓶塞周围有无漏水现象。如不漏水,将瓶直立,转动瓶塞 180°,再次检查,如仍不漏水,方可使用。

使用容量瓶时,不要将玻璃磨口塞随便取下放在桌面上,以免沾污或搞错,可用橡皮筋或细绳将瓶塞系在瓶颈上,如图 5.1-4 所示。如果使用的是平顶的塑料塞子,操作时可将塞子倒置在桌面上放置。

②容量瓶洗涤。洗净的容量瓶要求倒出水后,内壁不挂水珠,否则必须用洗涤剂洗涤。可用合成洗涤剂浸泡或洗液浸洗。用铬酸洗液洗时,先尽量倒出容量瓶中的水;然后倒入 10~20 mL 洗液,转动容量瓶使洗液布满全部内壁,接着倒置数分钟,将洗液倒回原瓶;再依次用自来水、纯水洗净。

③溶液配制。将固体物质(基准试剂或被测样品)配成溶液时,先在烧杯中将固体物质全部溶解,再转移至容量瓶中。转移时要使溶液沿玻璃棒缓缓流入瓶中(图 5.1-4),烧杯中的溶液倒尽后,烧杯不要马上离开玻璃棒,而应在扶正烧杯的同时使杯嘴沿玻璃棒上提 1~2 cm,随后烧杯离开玻璃棒(这样可避免烧杯与玻璃棒之间的溶液流到烧杯外面),然后用少量水(或其他溶剂)涮洗 3 至 4 次,每次都用洗瓶或滴管冲洗杯壁及玻璃棒,按同样的方法转入瓶中。当溶液达容量瓶容量的 2/3 时,可将容量瓶沿水平方向摆动几周以使溶液初步混合。再加水至标线以下约 1 cm 处,等待 1 min 左右,最后用洗瓶(或滴管)沿壁缓缓加水至标线处。盖紧瓶塞,左手捏住瓶颈上端,食指压住瓶塞,右手三指托住瓶底,将容量瓶颠倒摇匀,并且在倒置

状态时水平摇动几周(图 5.1-5)。

图 5.1-4 转移溶液

图 5.1-5 混匀

④稀释溶液。用移液管移取一定体积的溶液于容量瓶中,然后加水至容量瓶容积的 3/4 左右时初步混匀,再加水至标线处,最后混匀溶液。

⑤不宜长期存放试剂溶液。对容量瓶

扫一扫:容量瓶的使用

有腐蚀作用的溶液,尤其是碱性溶液,不可在容量瓶中久贮,配好以后应转移到其他容器中存放。

⑥使用完毕立即用水冲洗干净。如长期不用,应将磨口处洗净擦干,并用纸片将磨口隔开。

四、思考题

(1)容量瓶和移液管校准的方法有什么?

(2)容量瓶校准时为什么需要晾干?

(3)在用容量瓶配制标准溶液时是否也要晾干?

任务评价

操作要点	考核标准	分值	得分
玻璃仪器的洗涤与干燥	选择正确的洗涤方法	5	
	玻璃仪器内壁不挂水珠	5	
移液管、吸量管的使用	移液管、吸量管外壁处理正确	10	
	用移液管、吸量管正确取液	10	
	用移液管、吸量管正确放液	10	

操作要点	考核标准	分值	得分
容量瓶的使用	容量瓶验漏操作正确	10	
	溶液转移操作正确	10	
	容量瓶平摇操作正确	10	
	容量瓶定容操作正确	10	
	容量瓶混匀操作正确	10	
实训习惯	实训过程中保持实训台整洁	5	
	实训完毕,及时收拾实训台	5	

实训操作记录

任务名称：

实训地点： 　　　　**姓名：** 　　　**班级：** 　　　　**完成日期：**

一、实训目的

二、仪器与试剂

三、实训步骤

1. 移液管和吸量管的使用

2. 容量瓶的使用

任务 5-2 碱式滴定管的使用

知识链接

滴定管是滴定时用来准确测量流出操作溶液的体积的量器。滴定管一般分为酸式滴定管和碱式滴定管。碱式滴定管的管身部分是具有刻度的细长而且内径均匀的玻璃管,下端的流液口为尖嘴玻璃管,两者中间通过乳胶管连接,乳胶管内放一玻璃珠,用来控制溶液的流出。碱式滴定管可以用来装碱性溶液和不具有氧化性的溶液,凡是能够与乳胶管起作用的溶液,如硝酸银、碘、高锰酸钾等,均不能装入碱式滴定管中。

滴定管分为常量滴定管、半微量滴定管和微量滴定管三种。常量分析中最常用的是容积为 50 mL 的滴定管,最小刻度值为 0.1 mL,读数可以估读到 0.01 mL,测量溶液体积的读数误差为 0.02 mL。

图 5.2-1 碱式滴定管

技能操作

一、技能目标

(1)正确掌握碱式滴定管的洗涤、装液操作;
(2)正确操作碱式滴定管进行实验;
(3)正确读数;
(4)正确记录数据。

二、素质目标

(1)实训开始前,按要求清点仪器,并做好实训准备工作;
(2)实训过程中,保持实训台整洁;
(3)按实训要求准确记录实训过程,完成实训报告;
(4)实训结束后,认真清洗仪器,清点实训仪器并恢复实训台原样;
(5)全班完成实训任务后,做好实训室卫生。

三、实训操作提示

1. 碱式滴定管使用前的准备

(1)检查:使用前应选择管径合适的乳胶管和大小适中、完好无缺损的玻璃珠。玻璃珠过大,滴定时溶液流出比较费力,不易操作;玻璃珠过小,则会漏液,应进行更换。

(2)验漏:将滴定管用水充满至零刻度附近,夹在滴定管架上,用滤纸将滴定管外壁擦干,静置 2 min,如果漏液,需要更换玻璃珠或乳胶管。

（3）洗涤：如果碱式滴定管较脏而又不易洗净时，可以采用铬酸洗液洗涤。洗涤时，需要先取下乳胶管，将碱式滴定管倒立夹在滴定管夹上，使其管口插入装有洗液的瓶中；然后用吸耳球吸取洗液，直到充满全管，进行浸洗，反复至洗净；最后用自来水冲洗碱式滴定管。清洗时，注意从不同方位挤捏乳胶管，保证玻璃珠的四周都被洗到。洗净后，管壁上不应附着有液滴。

（4）润洗：先用蒸馏水润洗3次，第一次蒸馏水用量大约为10 mL，第二次和第三次蒸馏水用量大约为5 mL。每次注入蒸馏水后，两手平端碱式滴定管，慢慢转动管身，使蒸馏水润洗到管身全部内壁，溶液接触管壁1~2 min，每次都要注意玻璃珠下方的洗涤。然后用少量滴定用的待装溶液润洗碱式滴定管3次，洗法与用蒸馏水洗涤相同。

2. 操作溶液的装入

（1）操作溶液的装入过程：装入操作溶液前，先将试剂瓶中的溶液摇匀。左手持碱式滴定管零刻度以上的部分，将管身稍微倾斜，右手持试剂瓶（试剂瓶的标签向手心），将操作溶液慢慢沿滴定管内壁倒入碱式滴定管中。装入溶液时应直接倒入，不要通过漏斗等其他容器。

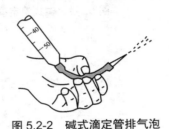

图5.2-2　碱式滴定管排气泡

（2）排气泡、调零：将操作溶液充满到碱式滴定管的零刻度以上，对光检查乳胶管内和出口管是否充满溶液。为了使溶液充满出口管，左手拇指和食指将乳胶管向上弯曲，出口管斜向上，在稍高于玻璃珠所在处轻轻挤捏胶管，使溶液从出口管喷出，气泡即可被带出（图5.2-2）。为了防止出口管处仍存在气泡，将乳胶管放直后，松开拇指和食指，擦干滴定管的外壁，装入操作溶液至零刻度以上，然后把管内液面的位置调节到零刻度。

3. 碱式滴定管的使用

（1）滴定：滴定开始前，先把碱式滴定管垂直地夹在滴定管夹上，右手持锥形瓶，除去悬挂在滴定管尖端的液滴，滴定管下端伸入锥形瓶口约1 cm，瓶底距离滴定台2~3 cm，左手无名指和小指夹住出口管，拇指和食指在玻璃珠所在部位往一侧捏乳胶管，使溶液从空隙处流出，用腕力不断摇动锥形瓶，使溶液随时均匀混合，保证反应及时进行完全。操作时注意不要捏到玻璃珠下部的乳胶管，不能使玻璃珠上下移动。停止滴加时，应先松开拇指和食指，最后松开无名指和小指。滴定操作姿势见图5.2-3。

（2）滴定液加入速度及滴定终点的控制：溶液滴入的速度一般为每秒3至4滴，不能太快，保持"见滴成线"的速度，不能呈液柱状加入。接近终点时，应适当改变滴定速度，采用只加1滴的操作方法，即加入1滴溶液后充分摇动几下。最后采用加半滴的方法，即使液滴悬而不落，松开拇指和食指，将悬挂的半滴溶液沾在锥形瓶的内壁上，用洗瓶挤少量水淋洗瓶壁。重复加半滴的操作至溶液出现明显的颜色变化，准确达到滴定终点为止。

（3）读数：放出溶液后，需要等附着在内壁的溶液流下后再进行读数。读数时，滴定管应保持垂直。视线应与管内液体弯月面的最低处在同一水平面，偏低或偏高都会带来误差（图5.2-4）。若为无色溶液，读取弯月面下缘的最低点；若为深色溶液，读取液面两侧最高点。初读数与最终读数应采用同一标准。

图 5.2-3 滴定操作姿势

25.52 mL
25.59 mL
25.79 mL

图 5.2-4 视线在不同位置得到的滴定管读数

4.碱式滴定管用后的处理

滴定结束后,碱式滴定管中剩余的溶液应倒出弃去,不能倒回原来的试剂瓶中,滴定管用自来水清洗几次后,再用蒸馏水洗净,倒置在滴定管夹上。如果碱式滴定管长期不用,需要取下乳胶管,拆出玻璃珠和尖嘴玻璃管,洗净、擦干,包好保存。

扫一扫:碱式滴定管的使用

四、思考题

（1）对滴定管是否漏液应如何判断?

（2）滴定管中存在的气泡应如何除去?

任务评价

操作要点	考核标准	分值	得分
使用前的准备	准备好所有仪器,洗涤所有仪器至内壁不挂水珠	5	
	碱式滴定管装水,直立 2 min,观察液面是否下降	5	
操作溶液的装入	用操作溶液润洗滴定管	10	
	滴定管排气泡、调零	10	
碱式滴定管的使用	滴定管握持姿势正确	5	
	滴定时摇动锥形瓶的姿态、左右手配合及滴定操作正确	10	
	没有滴出锥形瓶的现象	10	
	眼睛观察溶液颜色变化,临近终点时滴定操作正确	10	
	终点判断正确,终点后管尖没有气泡	10	
	读数规范、准确	10	
碱式滴定管用后处理	倒出碱式滴定管中剩余溶液,清洗滴定管	5	
实训习惯	实训过程中保持实训台整洁	5	
	实训完毕,及时收拾实训台	5	

实训操作记录

任务名称：

实训地点： 姓名： 班级： 完成日期：

一、实验目的

二、仪器与试剂

三、实验步骤

四、数据记录及处理

平行测定次数	1	2	3
移取 HCl 溶液的体积 /mL			
滴定前滴定管的读数 /mL			
滴定后滴定管的读数 /mL			
消耗的 NaOH 溶液的体积 /mL			

任务 5-3　天平的使用

知识链接

天平是化学实验中不可缺少的重要的称量仪器。天平的种类繁多,实训室中最常用的有托盘天平和电子天平。

一、托盘天平

托盘天平主要用于精确度不高的称量。如图 5.3-1 所示,托盘天平的构造为:托盘天平的横梁架在底座上面,横梁的中上部有指针和刻度盘。根据指针在刻度盘前的摆动情况,可以判断托盘天平是否处于平衡状态。横梁两侧或一侧的平衡螺母可以调节平衡。横梁的左右各有一个托盘,用于盛放物品和砝码。天平的游码可以通过游码标尺进行读取。

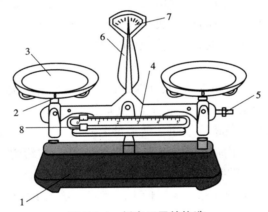

图 5.3-1　托盘天平的构造

1—底座;2—托盘架;3—托盘;4—标尺;5—平衡螺母;6—指针;7—刻度盘;8—游码

二、电子天平

电子天平(图 5.3-2)是利用电子力平衡原理进行物体称量的。它是一种操作简便、可靠性强的称量仪器,称量时全程不用砝码,放上物体后,在几秒钟内达到平衡,显示读数,称量速度快。自动调零、自动校准、自动去皮和自动显示称量结果是电子天平最基本的功能。通过人工触动指令键"自动"完成指定的动作。

图 5.3-2　电子天平

三、天平的称量方法

天平的称量方法可分为直接称量法(简称"直接法")和递减称量法(简称"减量法")。

1. 直接称量法

直接称量法用于称取在空气中没有吸湿性、性质稳定的试样或试剂,如金属、合金试样等。称量时,用药匙取试样于已知质量的称量纸或表面皿中(W_1),称取加上试样后的称量纸或表面皿与试样的总质量(W_2)。称出的试样质量为 W_2-W_1。

2. 递减称量法

递减称量法是普遍采用的称量方法,其称取试样的质量是由 2 次称量之差求得的。

操作方法:将干净的纸条套在称量瓶身上,夹取出称量瓶,称出称量瓶与试样的总质量(W_1),记下数值。用原来的纸条将称量瓶从天平盘上取出,拿至接收器上方,用纸片夹住瓶盖柄,打开瓶盖,瓶身慢慢倾斜,用瓶盖轻轻敲击瓶口内沿,使试样缓慢倒入接收器内,待加入的试样量接近需要量后,一边轻敲瓶口,一边将瓶口直立,使试样回落至称量瓶底部,盖好瓶盖,再称出称量瓶和余下的试样的总质量(W_2),称出的试样质量为 W_1-W_2。

用减量法称量时,注意不要让试样洒落到容器外。若从称量瓶中倒出的药品太多,不能再倒回称量瓶中,应重新称量。天平称量操作应耐心细致,不可急于求成。

图 5.3-3　减量法操作示意图

扫一扫:用减量法称量

技能操作

一、技能目标

（1）正确使用托盘天平和电子天平；

（2）准确利用托盘天平和电子天平称取一定量的物质；

（3）正确读数和记录数据。

二、素质目标

（1）实训开始前，按要求清点仪器，并做好实训准备工作；

（2）实训过程中，保持实训台整洁；

（3）按实训要求准确记录实训过程，完成实训报告；

（4）实训结束后，认真清洗仪器，清点实训仪器并恢复实训台原样；

（5）全班完成实训任务后，做好实训室卫生。

三、实训操作提示

（一）托盘天平

1. 称量前准备

称量前先把游码放在游码标尺左端零刻度处，然后检查天平的摆动是否达到平衡。如果天平平衡，则指针在停止摆动时正好对准刻度盘中央的红线。如果天平不平衡，可以调节横梁左右端的平衡螺母，使指针停止摆动时指在刻度盘中线处，此时天平达到平衡。

2. 称取试样

将一片称量纸的四边和四角折起，形成盘状。将折好的称量纸放在天平左盘。在右盘上放一张大小相同的同种纸，用镊子从砝码盒中夹取砝码放入右盘（先加大砝码，再加小砝码），10 g（或 5 g）以下可以通过游码调节，用药匙移取称量物至左盘，当接近平衡时，轻敲手腕，添加少量药品，直至横梁恢复平衡，指针保持在刻度盘的中央。

称量完毕，用镊子夹取砝码至砝码盒，将游码拨回标尺左端零刻度处。取下左盘的药品。

扫一扫:托盘天平的使用

（二）电子天平

（1）天平预热。接通电源（电插头），预热 30 min 以上。

（2）调节水平。检查水平仪（在天平后面），如不水平，应通过调节天平前边左、右两个水平支脚而使其达到水平状态。

（3）开机。按一下"开／关"键，显示屏出现"0.0000g"。 如果显示的不是"0.0000g"，则要按一下"调零"键。

（4）称量。将被称物轻轻放在秤盘上,这时可见显示屏上的数字在不断变化,待数字稳定并出现质量单位"g"后,即可读数（最好再等几秒钟）并记录称量结果。

（5）称量结束后,取下被称物,如果不久还要继续使用天平,可暂不按"开／关"键,天平自动保持零位,或者按一下"开／关"键（但不拔下电源插头）,让天平处于待命状态,即显示屏上数字消失,左下角出现"O"。再称样时,按一下"开／关"键就可以使用了。如较长时间（半天以上）不再用天平,应拔下电源插头,盖上防尘罩。

（6）电子天平的校准。对长时间没有用过或移动过位置的天平,应进行一次校准。校准要在天平通电预热 30 min 以后进行,程序是:调整天平至水平,按下"开／关"键,显示稳定后,如不为零,则按一下"调零"键,稳定地显示"0.0000g"后,按一下"校准"键（CAL）,天平将自动进行校准,屏幕显示"CAL",表示正在进行校准。经过 10 s 左右,"CAL"消失,表示校准完毕,应显示出"0.0000g",如果显示不正好为零,可按一下"调零"键即可进行称量。

（三）称量方法练习

1. 直接法

将称量纸叠成凹形,放入天平秤盘中央,先称称量纸（0.1~0.2 g）,小心地加入称量物到称量纸上,再称称量纸与加入的称量物的总质量。

2. 减量法

扫一扫:电子天平的使用

用减量法准确称取三份 0.2~0.3 g 无水 Na_2CO_3 固体试样（称准到小数点后第四位）。

将装有固体试样的称量瓶置于电子天平盘中央,准确称出其质量。再用纸条夹出称量瓶,小心倾斜称量瓶,轻碰瓶口,使试样落入干净的烧杯（或锥形瓶）中。盖上称量瓶盖,再将称量瓶放入天平盘中央,准确称出其质量,2 次称量的差值即为所称试样的质量。

四、思考题

（1）托盘天平的指针如果偏向右侧,应如何调至平衡?

（2）减量法称样是如何进行的?

（3）如何校准电子天平?

任务评价

操作要点	考核标准	分值	得分
托盘天平的使用	称量前,游码放在游码标尺左端零刻度处,然后检查天平的摆动是否达到平衡,若不平衡,则调平衡	10	
	天平左右盘上各放一片大小相同的同种纸	5	
	用镊子从砝码盒中夹取砝码放入右盘,调节游码至需称量的量	10	
	用药匙移取称量物,直至天平左右平衡	10	
	称量完毕,砝码放至砝码盒,游码归零,取下药品	5	
电子天平的使用	称量前预热、水平检查及调节	10	
	开机、调零操作正确	5	
	直接称量法操作正确,无药品洒落	5	
	间接称量法操作正确,无药品洒落	10	
	天平关机复原	10	
数据处理	数据记录及时、准确、清晰	5	
	结果正确	5	
实训习惯	实训过程中保持实训台整洁	5	
	实训完毕,及时收拾实训台	5	

实训操作记录

任务名称：

实训地点：　　　　　　**姓名：**　　　　　**班级：**　　　　　**完成日期：**

一、实训目的

二、仪器与试剂

三、实训步骤

1. 托盘天平的使用

2. 电子天平的称量练习

1）直接法

2）减量法

四、数据记录及处理

1. 直接法

称量次数	1	2	3
称量纸的质量 /g			
取试样后（称量纸＋试样）的质量 /g			
取出的试样的质量 /g			

2. 减量法

称量次数	1	2	3
取试样前（称量瓶＋试样）的质量 W_1/g			
取试样后（称量瓶＋试样）的质量 W_2/g			
取出的试样的质量 /g			

任务 5-4　NaOH 标准溶液的配制和标定

知识链接

一、基准物质

基准物质是可以用来直接配制标准溶液或标定溶液浓度的物质。基准物质应符合下列要求：

（1）试剂的组成应与化学式完全相符；

（2）试剂的纯度在 99.9% 以上；

（3）试剂在一般情况下应该很稳定；

（4）试剂参与反应时，应按照化学计量关系式定量进行，且无副反应发生；

（5）试剂最好有较大的摩尔质量。

二、标准溶液的配制方法

标准溶液是具有准确浓度的试剂溶液，在滴定分析中常常用作滴定剂。标准溶液的浓度要有足够准确的数值，一般配制标准溶液可以采用直接法或标定法。通常，只有基准物质才能用直接法配制成标准溶液，而其他的物质只能用标定法配制。

直接法：准确称取一定量的基准物质，溶解后定量转移至一定体积的容量瓶中，稀释至标线后，摇匀，溶液的准确浓度可以根据物质的质量和溶液的体积计算得到。

标定法：很多试剂不符合基准物质的条件，不能采用直接法配制标准溶液，而应采用标定法。即先将该物质配制成近似于所需浓度的溶液，然后利用该物质与基准物质（或已经用基准物质标定过的标准溶液）的反应来确定溶液的准确浓度。标定时，应至少平行测定 3 次，测定结果的相对偏差小于 0.2%，最后计算平均值。

由于固体 NaOH 容易吸收空气中的 CO_2 和水分，因此 NaOH 标准溶液的配制通常采用标定法。NaOH 标准溶液的准确浓度需要依靠基准物质（或已经用基准物质标定过的标准溶液）进行标定。

三、NaOH 标准溶液的标定

标定 NaOH 溶液时，常常采用邻苯二甲酸氢钾（$KHC_8H_4O_4$，简写为 KHP）和草酸（$H_2C_2O_4 \cdot 2H_2O$）作为基准物质。

1. 邻苯二甲酸氢钾

邻苯二甲酸氢钾通常于 100~125 ℃下干燥 2 h 后备用。干燥温度不宜过高，否则会引起邻苯二甲酸氢钾脱水而成为邻苯二甲酸酐。

由于邻苯二甲酸氢钾摩尔质量较大，与 NaOH 反应时的化学计量关系比为 1∶1，且邻苯二甲酸氢钾易得到纯品，在空气中不吸水，容易保存，因此是标定碱标准溶液较好的基准物质。

反应式如下：

$$\text{(COOK, COOH)} + NaOH \longrightarrow \text{(COOK, COONa)} + H_2O$$

当 NaOH 溶液的浓度为 0.1 mol·L^{-1} 时,化学计量点处溶液的 pH 值大约为 9.1,呈微碱性,因此可选用酚酞作为指示剂。

2. 草酸

草酸相当稳定,相对湿度在 5%~95% 时不会风化失水,可以作为基准物质。由于其摩尔质量较小,称量的相对误差较大。

反应式如下:

$$2NaOH + H_2C_2O_4 \longrightarrow Na_2C_2O_4 + 2H_2O$$

化学计量点处溶液的 pH 值大约为 8.4,略偏碱性,滴定突跃范围为 7.7~10.0,因此可选用酚酞作为指示剂。

技能操作

一、技能目标

(1)掌握 NaOH 标准溶液的配制方法;

(2)掌握 NaOH 标准溶液准确浓度的标定方法;

(3)掌握滴定管的正确使用和准确确定滴定终点的方法;

(4)正确记录数据;

(5)能利用数据进行相关计算。

二、素质目标

(1)实训开始前,按要求清点仪器,并做好实训准备工作;

(2)实训过程中,保持实训台整洁干净;

(3)按实训要求准确记录实训过程,完成实训报告;

(4)实训结束后,认真清洗仪器,清点实训仪器并恢复实训台原样;

(5)全班完成实训任务后,做好实训室卫生。

扫一扫:氢氧化钠标准滴定溶液的制备与标定

扫一扫:动画《氢氧化钠标准溶液滴定终点的判断》

三、实训操作提示

1. 0.1 mol·L^{-1} NaOH 溶液的配制

在托盘天平上迅速称取 4.0 g 的 NaOH 固体放入小烧杯中,加入 100 mL 新煮沸并冷却的蒸馏水使之全部溶解,将溶液移入干净的试剂瓶中,再加水 900 mL,用橡皮塞塞好瓶口,充分摇匀,贴上标签,备用。

2. NaOH 标准溶液的标定

用减量法准确称取邻苯二甲酸氢钾（KHP）三份（0.4~0.5 g），分别置于三个 250 mL 的锥形瓶中，向三个锥形瓶中各加水 50 mL，使邻苯二甲酸氢钾完全溶解。加 2 滴酚酞指示剂，用待标定的 NaOH 溶液滴定至溶液刚好由无色变为微红色，30 s 内不褪色，即为滴定终点。记录所消耗的 NaOH 溶液的体积。平行测定 3 次。

根据邻苯二甲酸氢钾的质量和所消耗 NaOH 溶液的体积计算 NaOH 溶液的浓度。

$$c(\text{NaOH}) = \frac{m(\text{KHP}) \times 1\,000}{M(\text{KHP}) \times V(\text{NaOH})}$$

式中　$c(\text{NaOH})$——氢氧化钠溶液的浓度，mol/L；

$m(\text{KHP})$——邻苯二甲酸氢钾的质量，g；

$M(\text{KHP})$——邻苯二甲酸氢钾的摩尔质量，204.2 g/mol；

$V(\text{NaOH})$——消耗的氢氧化钠溶液的体积，mL。

四、思考题

（1）配制碱标准溶液时，为什么用台秤称取固体 NaOH，而不用分析天平？

（2）用邻苯二甲酸氢钾标定 NaOH 溶液时，为什么用酚酞作为指示剂而不用甲基橙？

任务评价

操作要点	考核标准	分值	得分
准备工作	准备好所有仪器（滴定管、烧杯、量筒等），洗涤所有仪器至内壁不挂水珠	3	
	碱式滴定管装水调零，直立 2 min，观察液面是否下降	2	
电子天平的使用	称量前预热、水平检查及调节	10	
	开机、调零操作	5	
	取样操作正确，无药品洒落	5	
	天平关机复原	5	
滴定操作	用 NaOH 标准溶液润洗滴定管，滴定管排气泡、调零操作正确	10	
	滴定管的握持姿势正确	5	
	滴定时摇动锥形瓶的姿态、左右手配合及滴定操作正确	5	
	没有滴出锥形瓶的现象	5	
	眼睛观察溶液颜色变化，临近终点时滴定操作正确	5	
	终点判断正确，终点后管尖没有气泡	10	
	读数规范、准确	5	
数据处理	数据记录及时、准确、清晰	5	
	有效数字运算正确	5	
	相对平均偏差不超过 0.2%	5	
实训习惯	实训过程中保持实训台整洁	5	
	实训完毕，及时收拾实训台	5	

实训操作记录

任务名称：

实训地点：　　　　　　姓名：　　　　　班级：　　　　　完成日期：

一、实训目的

二、仪器与试剂

三、实训步骤

四、数据记录及处理

平行测定次数	1	2	3
取试样前(称量瓶+KHP)的质量 W_1/g			
取试样后(称量瓶+KHP)的质量 W_2/g			
取出的 KHP 的质量 /g			
滴定前滴定管的读数 /mL			
滴定后滴定管的读数 /mL			
消耗的 NaOH 溶液的体积 /mL			
NaOH 溶液的浓度			
NaOH 溶液的平均浓度			
相对平均偏差			

任务 5-5　食醋中醋酸含量的测定

知识链接

自古以来醋就在我国人民生活中占有重要地位。我国是世界上最早用谷物酿醋的国家。据有关文字记载,中国古代劳动人民以酒作为发酵剂来发酵酿制食醋,酿醋历史至少也在三千年以上。东方醋起源于中国,中国食醋西周已有,春秋使其遍及城乡,食醋的使用在我国有着悠久的历史。

食醋的主要成分是醋酸(HOAc),含量一般为3%~5%,此外还含有少量的有机酸,例如乳酸等。醋酸为有机弱酸($K_a = 1.8 \times 10^{-5}$),采用NaOH标准溶液滴定,到达化学计量点时溶液呈弱碱性,所以可以选用酚酞作为指示剂,测出的结果是食醋中的总酸量,用醋酸的质量浓度(g/mL)来表示。

化学反应式如下:

$$HOAc + NaOH \Longrightarrow NaOAc + H_2O$$

由于食醋中的醋酸浓度较大,滴定前需要适当稀释。

技能操作

一、技能目标

(1)掌握移液管和容量瓶的正确使用方法;
(2)掌握滴定管的正确使用方法和准确确定滴定终点的方法;
(3)正确读数,记录数据;
(4)能利用数据进行相关计算。

二、素质目标

(1)实训开始前,按要求清点仪器,并做好实训准备工作;
(2)实训过程中,保持实训台整洁;
(3)按实训要求准确记录实训过程,完成实训报告;
(4)实训结束后,认真清洗仪器,清点实训仪器并恢复实训台原样;
(5)全班完成实训任务后,做好实训室卫生。

三、实训操作提示

1. 醋酸的稀释

用25.00 mL移液管移取市售白醋置于250 mL容量瓶中,用新煮沸并冷却的蒸馏水稀释至标线,摇匀,备用。

2. 醋酸含量的测定

用25.00 mL移液管移取稀释后的试液置于250 mL锥形瓶中,加入新煮沸并冷却的蒸馏水 30 mL,酚酞指示剂 2 至 3 滴,用 0.1 mol/L NaOH 标准溶液滴定,使溶液呈现微红色,摇动,30 s 内不褪去即为滴定终点。平行测定 3 次。根据 NaOH 标准溶液的用量,计算食醋中的总酸量。

$$c(\text{HOAc}) = \frac{c(\text{NaOH})V(\text{NaOH})M(\text{HOAc})}{\dfrac{25}{250}V(\text{HOAc}) \times 1\,000}$$

式中　$M(\text{HOAc})$——HOAc 的摩尔质量,60.05 g/mol;

　　　$c(\text{NaOH})$——NaOH 标准溶液的浓度,mol/L;

　　　$V(\text{NaOH})$——滴定消耗的 NaOH 标准溶液的体积,mL;

　　　$V(\text{HOAc})$——滴定时移取的 HOAc 溶液的体积,mL。

扫一扫:食醋总酸度的测定

四、思考题

(1)测定醋酸含量时,所用的蒸馏水中能否含有 CO_2,试说明原因。

(2)滴定醋酸含量时,能否选用甲基橙作为指示剂,为什么?

任务评价

操作要点	考核标准	分值	得分
准备工作	准备好所有仪器(滴定管、烧杯、量筒等),洗涤所有仪器至内壁不挂水珠	5	
	碱式滴定管装水调零,直立 2 min,观察液面是否下降	5	
样品的稀释	移液管润洗操作正确	5	
	移液管取液操作正确	2	
	调节液面操作正确	5	
	放液操作正确	3	
	容量瓶平摇操作正确	5	
	定容操作正确	5	
	摇匀操作正确	2	
滴定操作	用 NaOH 标准溶液润洗滴定管,滴定管排气泡、调零操作正确	6	
	滴定管的握持姿势正确	2	
	滴定时摇动锥形瓶的姿态、左右手配合及滴定操作正确	5	
	没有滴出锥形瓶的现象	5	
	眼睛观察溶液颜色变化,近终点时滴定操作正确	5	
	终点判断正确,终点后管尖没有气泡	10	
	读数规范、准确	5	
数据处理	数据记录及时、准确、清晰	5	
	有效数字运算正确	5	
	相对平均偏差不超过 0.2%	5	
实训习惯	实训过程中保持实训台整洁	5	
	实训完毕,及时收拾实训台	5	

实训操作记录

任务名称：

实训地点：　　　　**姓名：**　　　　**班级：**　　　　**完成日期：**

一、实训目的

二、仪器与试剂

三、实训步骤

四、数据记录及处理

平行测定次数	1	2	3
移取食醋样品的体积 /mL			
食醋样品稀释后的体积 /mL			
移取出的稀释后食醋样品的体积 /mL			
滴定前滴定管的读数 /mL			
滴定后滴定管的读数 /mL			
消耗的 NaOH 溶液的体积 /mL			
稀释后食醋中 HOAc 的浓度 /（g/mL）			
稀释后食醋中 HOAc 的平均浓度 /（g/mL）			
相对平均偏差			
原食醋样品的总酸度 /（g/mL）			

任务 5-6　粗食盐的提纯

知识链接

一、溶液的蒸发

用加热的方法从溶液中除去部分溶剂,从而提高溶液的浓度或使溶质析出的操作叫作蒸发。温度、溶剂的蒸气压、被蒸发液体的表面积都对蒸发速度有影响。蒸发皿能够使被蒸发溶液具有较大的表面积,有利于蒸发,因此在无机实验中常常用作蒸发的容器。加入蒸发皿中的溶液的体积,不得超过蒸发皿总容量的 2/3,当溶液量较大时,可以采用不断向蒸发皿内添补溶液的方法进行操作。随着蒸发过程的进行,溶液浓度增大,若溶质的溶解度较大且随温度下降而变小,则蒸发至溶液表面出现晶膜后停止加热;若溶质的溶解度随温度变化不大,则在晶膜出现后,不断搅拌,继续加热蒸发。

二、结晶

结晶是当溶液蒸发到一定程度冷却后有晶体析出的过程。若溶液的浓度较大,溶质的溶解度较小,不断搅拌下的快速冷却有利于小晶体的析出,静置下的缓慢冷却有利于大晶体的析出。晶体太小,则容易形成糊状物,难以洗涤,影响其纯度,因此需要得到大小适中、颗粒均匀的高纯度晶体。

三、粗食盐的提纯

食盐不仅是人们膳食中不可缺少的调味品,而且是人体中不可缺少的物质成分;是化学工业的基本原料,在其他工业部门和农牧渔业中也有广泛用途。粗食盐中含有较多的杂质,呈灰色,一般需要经过提纯后才能食用。1915 年,中国重化学工业奠基人范旭东在天津塘沽创办久大精盐公司,生产出中国本国制造的第一批精盐,让中国百姓有机会吃上了清洁的食盐。

粗食盐中含有较多的杂质,呈灰色,一般需要经过提纯后才能食用。粗食盐中除含有泥沙等不溶性杂质以外,还含有 Ca^{2+}、Mg^{2+}、SO_4^{2-} 等可溶性杂质。

加水溶解粗食盐,再过滤,可以除去不溶性杂质;选择适当的沉淀剂,使 Ca^{2+}、Mg^{2+}、SO_4^{2-} 等生成难溶化合物,然后过滤,可以除去可溶性杂质。具体步骤如下。

首先在溶解后的食盐溶液中加入过量的 $BaCl_2$ 溶液,可以使 SO_4^{2-} 生成 $BaSO_4$ 沉淀,过滤除去 $BaSO_4$。反应方程式如下。

$$Ba^{2+} + SO_4^{2-} = BaSO_4 \downarrow$$

然后在滤液中加入适量的 NaOH 溶液和 Na_2CO_3 溶液,使滤液中含有的过量的 Ba^{2+}、Ca^{2+}、Mg^{2+} 生成相应的沉淀后,过滤除去。反应方程式如下。

$$Ba^{2+} + CO_3^{2-} = BaCO_3 \downarrow$$
$$Ca^{2+} + CO_3^{2-} = CaCO_3 \downarrow$$
$$2Mg^{2+} + 2OH^- + CO_3^{2-} = Mg_2(OH)_2CO_3 \downarrow$$

最后用盐酸中和滤液中过量的 NaOH 和 Na_2CO_3，反应方程式如下。

$$NaOH + HCl = NaCl + H_2O$$
$$Na_2CO_3 + 2HCl = 2NaCl + CO_2 \uparrow + H_2O$$

技能操作

一、技能目标

（1）掌握称量和过滤的正确操作；
（2）掌握蒸发的正确操作；
（3）正确记录数据；
（4）能利用数据进行相关计算。

二、素质目标

（1）实训开始前，按要求清点仪器，并做好实训准备工作；
（2）实训过程中，保持实训台整洁；
（3）按实训要求准确记录实训过程，完成实训报告；
（4）实训结束后，认真清洗仪器，清点实训仪器并恢复实训台原样；
（5）全班完成实训任务后，做好实训室卫生。

三、实训操作提示

（1）粗食盐的溶解：用托盘天平称取 8.0 g 粗食盐，置于干净的烧杯中；加水 30 mL，在玻璃棒的不断搅拌下，加热溶解；不溶性杂质沉淀于烧杯底部，若不溶性杂质较多，可以过滤除去。

（2）除去 SO_4^{2-}：将溶液加热至沸腾，在不断搅动下滴加 1 mol/L $BaCl_2$ 溶液，直至沉淀完全。检验沉淀是否完全的方法：将烧杯从石棉网上取下，待沉淀沉降后，在上层清液中滴加 1 至 2 滴 $BaCl_2$ 溶液，观察有无浑浊现象。若无浑浊现象，说明 SO_4^{2-} 沉淀完全；若有浑浊现象，需继续滴加 $BaCl_2$ 溶液至不再产生浑浊现象为止。沉淀完全后，继续加热 5 min，用普通漏斗过滤，保留滤液于烧杯中，弃去沉淀。

（3）除去过量的 Ba^{2+} 以及 Ca^{2+}、Mg^{2+} 等可溶性杂质：加热溶液至沸腾，在滤液中加入 1 mL 2 mol/L NaOH 溶液和 3 mL 1 mol/L Na_2CO_3 溶液，待沉淀沉降后，在上层清液中滴加 1 mol/L Na_2CO_3 溶液至不再产生浑浊现象为止，过滤，保留滤液于烧杯中，弃去沉淀。

（4）除去过量的 CO_3^{2-}：向滤液中滴加 2 mol/L HCl 溶液，用 pH 值试纸检验，至溶液呈微酸性（pH = 6）。

（5）蒸发、结晶：将溶液倒入蒸发皿中，在不断搅拌下，用小火加热，蒸发浓缩至稠糊状为止。

扫一扫：粗盐的提纯

（6）干燥：小火加热干燥。为防止氯化钠晶体飞溅，可待晶体快干、无小气泡时，在蒸发皿的表面放置表面皿。

（7）称量：冷却至室温，称量产品的质量，计算产率。

四、思考题

（1）粗食盐中的不溶性杂质如何除去？

（2）可溶性杂质 Ca^{2+}、Mg^{2+} 如何除去？

任务评价

操作要点	考核标准	分值	得分
准备工作	准备好所有仪器（漏斗、烧杯、量筒等）	5	
电子天平的使用	称量前预热、水平检查及调节	7	
	开机、调零操作正确	5	
	取样操作正确，无药品洒落	7	
	天平关机复原	5	
过滤操作	滤纸正确地放置于漏斗内，用蒸馏水润湿滤纸，滤纸边缘低于漏斗，赶走气泡	10	
	漏斗颈末端紧靠接收器内壁	7	
	玻璃棒接触三层滤纸处，引流倒入	7	
	漏斗中液面的高度略低于滤纸边缘	7	
蒸发操作	倒入蒸发皿的溶液体积不超过总容量的 2/3	7	
	使用玻璃棒不断搅拌	7	
干燥操作	采用小火加热干燥，必要时在蒸发皿的表面放置表面皿	5	
步骤及记录	实训步骤顺序正确	5	
	实训记录及时、准确、清晰	6	
实训习惯	实训过程中保持实训台整洁	5	
	实训完毕，及时收拾实训台	5	

实训操作记录

任务名称：

实训地点：　　　　姓名：　　　　班级：　　　　完成日期：

一、实训目的

二、仪器与试剂

三、实训步骤

四、实训记录

时间	实训操作	实训现象

任务 5-7　酸式滴定管的使用

知识链接

一、酸式滴定管

　　酸式滴定管是滴定时用来准确测量流出标准溶液的体积的量器。它的主要部分是管身,由细长而且内径均匀的玻璃管制成,上面刻有均匀的分度线,下端的流液口为一尖嘴,中间通过玻璃旋塞或乳胶管连接以控制滴定速度。常量分析用的酸式滴定管标称容量为 50 mL 和 25 mL,最小刻度值为 0.1 mL,读数可估计到 0.01 mL。

　　酸式滴定管的下端有玻璃活塞,可盛放酸液及氧化剂,不宜盛放碱液。

图 5.7-1　酸式滴定管

二、酸式滴定管的使用

　　1. 洗涤

　　使用滴定管前先用自来水洗,再用少量蒸馏水淋洗 2 至 3 次,每次 5~6 mL,洗净后,管壁上不应附着有液滴;最后用少量滴定用的待装溶液洗涤 2 次,以免加入滴定管的待装溶液被蒸馏水稀释。

　　2. 装液

　　将待装溶液加入滴定管到零刻度以上,开启旋塞,使溶液急速下流驱去气泡,然后把管内液面的位置调节到零刻度。

　　3. 读数

　　读数时,滴定管应保持垂直。视线应与管内液体凹面的最低处保持水平,偏低或偏高都会带来误差。

　　4. 滴定

　　滴定开始前,先把悬挂在滴定管尖端的液滴除去,滴定时用左手控制阀门,右手持锥形瓶,并不断旋摇,使溶液均匀混合(图 5.7-2)。接近滴定终点时,滴定速度要慢,最好一滴一滴地滴入,防止过量,并且用洗瓶挤少量水淋洗瓶壁,以免有残留的液滴未起反应。最后,必须待滴定管内液面完全稳定后,方可读数。

图 5.7-2　滴定操作

技能操作

一、技能目标

（1）掌握酸式滴定管的使用方法；

（2）能用酸式滴定管熟练地进行滴定操作；

（3）能正确读数；

（4）能正确记录数据。

二、素质目标

（1）实训开始前,按要求清点仪器,并做好实训准备工作；

（2）实训过程中,保持实训台整洁；

（3）按实训要求准确记录实训过程,完成实训报告；

（4）实训结束后,认真清洗仪器,清点实训仪器并恢复实训台原样；

（5）全班完成实训任务后,做好实训室卫生。

三、实训操作提示

（1）使用滴定管前先用自来水洗,再用少量蒸馏水淋洗 2 至 3 次,每次 5~6 mL,洗净后,管壁上不应附着有液滴；最后用少量滴定用的待装溶液洗涤 2 次。

（2）将待装溶液加入滴定管到零刻度以上,开启旋塞,把滴定管下端的气泡逐出,然后把管内液面的位置调节到零刻度。

（3）读数可读到小数点后两位。读数时,滴定管应保持垂直。视线应与管内液体凹面的最低处保持水平,偏低或偏高都会带来误差。

（4）滴定开始前,先把悬挂在滴定管尖端的液滴除去,滴定时用左手控制阀门,右手持锥形瓶,并不断旋摇,使溶液均匀混合。接近滴定终点时,滴定速度要慢,最好一滴一滴地滴入,防止过量,并且用洗瓶挤少量水淋洗瓶壁,以免有残留的液滴未起反应。最

扫一扫:酸式滴定管的使用

后,必须待滴定管内液面完全稳定后,方可读数。

四、思考题

(1)滴定管为什么要用待装溶液洗涤?

(2)如何排除酸式滴定管内的气体?

(3)如果不排气,会有什么影响?

任务评价

操作要点	考核标准	分值	得分
酸式滴定管的使用	洗涤(自来水、蒸馏水)、润洗(待装溶液)	15	
	装液、排气、调零操作正确	15	
	滴定操作正确	30	
	读数方式正确	10	
	记录数据到小数点后两位	10	
实训习惯	实训过程中保持实训台整洁	10	
	实训完毕,及时收拾实训台	10	

实训操作记录

任务名称：

实训地点：　　　　　姓名：　　　　　班级：　　　　　完成日期：

一、实训目的

二、仪器与试剂

三、实训步骤

任务 5-8 盐酸标准溶液的配制与标定

知识链接

一、实训原理

市售盐酸为无色透明 HCl 水溶液，HCl 含量为 36%~38%，相对密度约为 1.18。由于浓盐酸易挥发出 HCl 气体，若直接配制，准确度差，因此配制盐酸标准溶液时需用间接配制法。

标定盐酸的基准物质常用碳酸钠和硼砂等，实训室一般以无水碳酸钠为基准物质进行滴定，以甲基红 - 溴甲酚绿混合液或甲基橙为指示剂指示终点。无水碳酸钠作为基准物质的优点是容易提纯、价格便宜；缺点是摩尔质量较小、具有吸湿性。因此，碳酸钠需先在 270~300 ℃高温炉中灼烧至恒重，然后置于干燥器中冷却后备用。

到达化学计量点时，溶液的 pH 值为 3.89。若以甲基红 - 溴甲酚绿为指示剂，用待标定的盐酸溶液滴定至溶液由绿色变为紫红色后煮沸 2 min，冷却后继续滴定至溶液再呈紫红色即为滴定终点；若以甲基橙为指示剂，用待标定的盐酸溶液滴定至溶液由黄色变为橙色即为滴定终点。根据碳酸钠的质量和所消耗的盐酸体积，即可计算出盐酸溶液的准确浓度。

用无水碳酸钠标定时，其反应方程式为

$$2HCl + Na_2CO_3 = 2NaCl + H_2O + CO_2 \uparrow$$

由于反应本身产生的 H_2CO_3 会使滴定突跃不明显，以至于指示剂颜色变化不够敏锐，因此，接近滴定终点时，最好把溶液加热煮沸并摇动以赶走 CO_2，待冷却后再滴定。

用硼砂（$Na_2B_4O_7 \cdot 10H_2O$）标定盐酸时，其反应方程式为

$$Na_2B_4O_7 + 2HCl + 5H_2O = 4H_3BO_3 + 2NaCl$$

到达化学计量点时反应产物为 H_3BO_3（$K_{a1} = 5.8 \times 10^{-10}$）和 NaCl，溶液的 pH 值为 5.1，可用甲基红作为指示剂。

硼砂的制作方法：在水中重结晶（结晶析出温度在 50 ℃以下），析出的晶体于室温下暴露在相对湿度为 60%~70% 的空气中，干燥 24 h 即可。干燥的硼砂结晶须保存在密闭的瓶中，以防失水。

二、实训用品

仪器：酸式滴定管、分析天平、锥形瓶、量筒、称量瓶。

试剂：基准试剂无水碳酸钠（先置于 270~300 ℃高温炉中灼烧至恒重，保存于干燥器中）、浓盐酸、甲基红 - 溴甲酚绿指示剂或甲基橙指示剂。

三、实训内容

1. 0.1 mol/L 盐酸溶液的配制

用小量筒量取浓盐酸 3.6 mL，加水稀释至 400 mL，混匀即可。

2. 盐酸标准溶液的标定

取在 270~300 ℃高温炉中灼烧至恒重的无水碳酸钠 0.12~0.14 g，精密称定三份，分别置于三个 250 mL 锥形瓶中，加 50 mL 蒸馏水溶解后，加入 2 至 3 滴甲基红－溴甲酚绿指示剂或 2 至 3 滴甲基橙指示剂。若以前者为指示剂，用 0.1 mol/L 盐酸溶液滴定至溶液由绿色变紫红色，煮沸约 2 min，冷却至室温继续滴定至紫红色；若以后者为指示剂，则用 0.1 mol/L 盐酸溶液滴定至溶液由黄色变为橙色。记下所消耗的盐酸溶液的体积，同时做空白实验。平行滴定 3 次。

四、数据记录与处理

1. 数据记录

	1	2	3
（基准物质＋瓶）初始质量 /g			
（基准物质＋瓶）最终质量 /g			
无水碳酸钠质量 /g			
HCl 终读数 /mL			
HCl 初读数 /mL			
V(HCl)/mL			
c(HCl)/(mol/L)			
平均浓度 /(mol/L)			
相对平均偏差			

2. 数据处理

$$c(\text{HCl}) = \frac{m \times 1\,000}{(V_1 - V_0) \times 52.99}$$

式中　m——基准无水碳酸钠的质量，g；

　　　V_1——盐酸溶液的用量，mL；

　　　V_0——空白实验中盐酸溶液的用量，mL；

　　　52.99——1/2 Na_2CO_3 摩尔质量，g/mol；

　　　c(HCl)——盐酸标准溶液的溶度，mol/L。

实验过程中干燥至恒重的无水碳酸钠有吸湿性，因此在标定中精密称取基准无水碳酸钠时，宜采用减量法称取，并应迅速将称量瓶加盖密闭。

由于在滴定过程中产生的二氧化碳使终点变色不够敏锐，因此在溶液滴定进行至临近终点时,应将溶液加热煮沸,以除去二氧化碳,待冷至室温后,再继续滴定。

技能操作

一、技能目标

（1）掌握减量法、滴定操作和滴定终点的判断;
（2）能配制和标定盐酸标准溶液;
（3）能进行有效数字的处理。

二、素质目标

（1）实训开始前,按要求清点仪器,并做好实训准备工作;
（2）实训过程中,保持实训台整洁;
（3）按实训要求准确记录实训过程,完成实训报告;
（4）实训结束后,认真清洗仪器,清点实训仪器并恢复实训台原样;
（5）全班完成实训任务后,做好实训室卫生。

三、实训操作提示

（一）实验步骤

1. 0.1 mol/L HCl 溶液的配制

用量筒量取浓盐酸 3.6 mL,倒入盛有 200 mL 蒸馏水的烧杯中,再加蒸馏水稀释至 400 mL,摇匀,贴上标签。

2. 滴定管的准备

预先准备好干净的酸式滴定管一只（检查是否漏水）,先用蒸馏水润洗 3 次,然后用少量的待装溶液润洗 3 次,每次用量 5~10 mL,以除去管壁上残存的水分。润洗后的溶液在滴定管尖嘴放出弃去。再将 HCl 标准溶液直接装入酸式滴定管中,驱除活塞及乳胶管下端的气泡,调节液面至零刻度或其稍下处,静止 1 min 后,方可读数,记取读数至小数点后第二位。

 扫一扫:盐酸标准溶液的配制与标定

3. 盐酸溶液浓度的标定

在分析天平上准确称取三份灼烧至恒重的无水碳酸钠（每份质量为 0.12~0.14 g）,分别置于三个 250 mL 锥形瓶中,加 50 mL 蒸馏水溶解后,加入 2 至 3 滴甲基橙指示剂,然后用待标定的 0.1 mol/L 盐酸溶液滴定至溶液由黄色变为橙色即为终点,记下所消耗的盐酸溶液的体积,同时做空白实验。平行滴定 3 次。

（二）注意事项

（1）无水碳酸钠经过高温烘烤后极易吸水,故称量瓶一定要盖严。称量时,动作要快,以免无水碳酸钠吸水。

（2）实验中所用的锥形瓶不需要烘干,加入蒸馏水的量不需要精确。

（3）由于在滴定过程中产生的二氧化碳使终点变色不够敏锐,因此在溶液滴定进行至临近终点时,应将溶液加热煮沸,以除去二氧化碳,待冷至室温后,再继续滴定。

四、思考题

（1）能否直接配制盐酸标准溶液? 为什么?

（2）为什么无水碳酸钠使用前要灼烧至恒重?

（3）标定盐酸溶液时,除了基准物质无水碳酸钠,还可以用什么标定?

任务评价

操作要点	考核标准	分值	得分
用减量法称取无水碳酸钠	分析天平操作正确	10	
	称量瓶使用正确	10	
	减量法操作正确	10	
	台面无洒落药品	10	
盐酸标准溶液标定	粗配 0.1 mol/L HCl 溶液操作正确	10	
	碳酸钠溶液中加入指示剂甲基橙	10	
	滴定终点判断正确	15	
	读数正确	15	
实训习惯	实训过程中保持实训台整洁	5	
	实训完毕,及时收拾实训台	5	

实训操作记录

任务名称：

实训地点： 姓名： 班级： 完成日期：

一、实训目的

二、仪器与试剂

三、实训步骤

任务 5-9　混合碱的测定（双指示剂法）

知识链接

混合碱是 Na_2CO_3 与 NaOH 或 Na_2CO_3 与 $NaHCO_3$ 的混合物。可用 HCl 标准溶液滴定法测定同一试样中各组分的含量。根据滴定过程中 pH 值的变化情况，选用两种不同的指示剂分别指示第一、第二化学计量点的到达，故该方法称为双指示剂法。此法简便、快捷，在生产实际中应用广泛。

一、实训原理

在混合碱的试液中先加入酚酞指示剂，用 HCl 标准溶液滴定至溶液呈微红色。此时试液中的 NaOH 完全被中和，而 Na_2CO_3 被滴定成 $NaHCO_3$，即 Na_2CO_3 只被中和了一半，反应式如下。

$$NaOH + HCl \longrightarrow NaCl + H_2O$$
$$Na_2CO_3 + HCl \longrightarrow NaCl + NaHCO_3$$

此时消耗 HCl 标准溶液的体积为 V_1（mL）。再加入甲基橙指示剂，继续用 HCl 标准溶液滴定至溶液由黄色变成橙色即为终点。此时 $NaHCO_3$ 全部中和成 H_2CO_3，后者分解为 CO_2 和 H_2O。反应式如下。

$$NaHCO_3 + HCl \longrightarrow NaCl + CO_2 \uparrow + H_2O$$

此时消耗 HCl 标准溶液的体积为 V_2（mL）。

根据 V_1 与 V_2 可以判断出混合碱的组成：

当 $V_1 > V_2 \neq 0$ 时，试液为 NaOH 与 Na_2CO_3 的混合物；

当 $V_1 < V_2 \neq 0$ 时，试液为 Na_2CO_3 和 $NaHCO_3$ 的混合物。

二、实训用品

仪器：酸式滴定管、移液管、锥形瓶、量筒。

试剂：混合碱试液、0.1 moL/L HCl 标准溶液、0.1% 甲基橙指示剂、0.1% 酚酞指示剂。

三、实训内容

用移液管吸取混合碱试液 10 mL，加水稀释至 25 mL，加酚酞指示剂 1 滴，用 HCl 标准溶液滴定，边滴加边充分摇动，滴至溶液呈微红色为止，记下 HCl 标准溶液的耗用量 V_1。然后在此溶液中再加 1 滴甲基橙指示剂，此时溶液呈黄色，继续用 HCl 标准溶液滴定至溶液呈橙色即为终点，记下 HCl 标准溶液的耗用量 V_2。

根据 V_1 和 V_2 值的大小，分别求出其含量。再跟据所耗用 HCl 标准溶液的总量（$V_1 + V_2$），求出混合碱的总碱度［以 Na_2O 的含量（单位为 g/L）表示］。

平行滴定 3 次,3 次测定结果的相对平均偏差应小于 0.3%(对总碱度测定的要求)。

四、计算公式

当 $V_1 > V_2$ 时,试液为 NaOH 与 Na_2CO_3 的混合物,Na_2CO_3 与 NaOH 的含量可由下式计算。

$$x(NaOH) = \frac{(V_1 - V_2) \times c(HCl) \times M(NaOH)}{V_{试液}}$$

$$x(Na_2CO_3) = \frac{2V_2 \times c(HCl) \times M(Na_2CO_3)}{2V_{试液}}$$

当 $V_1 < V_2$ 时,试液为 Na_2CO_3 和 $NaHCO_3$ 的混合物,计算式为

$$x(NaHCO_3) = \frac{(V_2 - V_1) \times c(HCl) \times M(NaHCO_3)}{V_{试液}}$$

$$x(Na_2CO_3) = \frac{2V_1 \times c(HCl) \times M(Na_2CO_3)}{2V_{试液}}$$

如果要求测定混合碱的总碱量,通常是以 Na_2O 的含量来表示总碱度,计算式如下:

$$x(Na_2O) = \frac{(V_1 + V_2) \times c(HCl) \times M(Na_2O)}{2V_{试液}}$$

以上各式中　　c——浓度,mol/L;

　　　　　　　　x——各组分的含量,g/L;

　　　　　　　　M——物质的摩尔质量,g/mol;

　　　　　　　　V——溶液的体积,mL。

技能操作

一、技能目标

(1)能根据双指示剂法判断混合碱的组成;

(2)能利用数据进行相关计算,得到正确的结果。

二、素质目标

(1)实训开始前,按要求清点仪器,并做好实训准备工作;

(2)实训过程中,保持实训台整洁;

(3)按实训要求准确记录实训过程,完成实训报告;

(4)实训结束后,认真清洗仪器,清点实训仪器并恢复实训台原样;

(5)全班完成实训任务后,做好实训室卫生。

三、实训操作提示

1. 混合碱试液移取

用移液管移取混合碱试液 10 mL，加水稀释至 25mL，并滴加 1 滴酚酞指示剂。

2. 标定

用 HCl 标准溶液滴定，滴至酚酞恰好褪色为止，记下 HCl 标准溶液的耗用量 V_1。然后在此溶液中再加 1 滴甲基橙指示剂，此时溶液呈黄色，继续用 HCl 标准溶液滴定至溶液呈橙色即为滴定终点，记下 HCl 标准溶液的耗用量 V_2。平行滴定 3 次。

3. 计算

根据 V_1 和 V_2 值的大小，判断混合碱的组成，并分别求出各组分含量。

根据所耗用的 HCl 标准溶液的总量（V_1+V_2），求出混合碱的总碱度[以 Na_2O 的含量（单位为 g/L）表示]。

四、思考题

（1）如果碱液浓度较大，仍吸取 10 mL 进行滴定吗？应采取哪些措施较合适？

（2）用盐酸标准溶液测定混合碱液时，取完一份试液就要立即滴定，若在空气中放置一段时间再滴定，会给测定结果带来什么影响？

扫一扫:混合碱的测定

任务评价

操作要点	考核标准	分值	得分
移液管的使用	移液管洗涤（水洗、润洗）	10	
	移液管操作（取试样、调节液面）正确	10	
	调节液面操作正确	10	
滴定操作	滴定管洗涤、排气、调零操作正确	10	
	滴定操作正确	10	
	滴定终点判断正确	15	
	读数规范、准确	15	
实训习惯	实训过程中保持实训台整洁	10	
	实训完毕，及时收拾实训台	10	

实训操作记录

任务名称：

实训地点： 姓名： 班级： 完成日期：

一、实训目的

二、仪器与试剂

三、实训步骤

任务 5–10　工业乙醇的蒸馏

知识链接

一、蒸馏

蒸馏是分离和纯化液体物质最常用的方法之一。在混合液中,若各组分的挥发能力存在差异,就可以借助蒸馏来进行分离。根据应用条件和分离对象,蒸馏分为简单蒸馏、分馏和水蒸气蒸馏三种类型。简单蒸馏和分馏既能在常压下进行,又可在一定真空度下进行,因而有常压蒸馏和减压蒸馏之分。这里主要介绍常压蒸馏。

液体在一定的温度下具有一定的蒸气压。加热液体时,它的蒸气压就随着温度升高而增大。当液体的蒸气压与大气压力相等时,就有大量气泡从液体内部逸出,即液体发生沸腾。这时的温度称为液体的沸点。将液体加热至沸腾使液体变为蒸气,然后再使蒸气冷凝并收集于另一个容器的过程称为蒸馏。

由于低沸点化合物较易挥发,因此通过蒸馏能把沸点差别较大的两种以上有机化合物的混合液体分离开来,也可将易挥发物质和不挥发物质分开,从而达到分离和纯化的目的。同时利用蒸馏的方法可测定液体有机化合物的沸程(沸点范围)。纯粹液体有机化合物在一定的压力下具有一定的沸点,它的沸点范围很小(0.5~1 ℃),但是具有固定沸点的液体不一定是纯粹的化合物,如两个或两个以上的化合物形成的共沸混合物也具有一定的沸点。不纯的液体有机化合物的沸点,取决于杂质的物理性质。如杂质是不挥发的,则不纯液体的沸点比纯液体的高;若杂质是挥发性的,则蒸馏时液体的沸点会逐渐上升(恒沸混合物除外)。所以,测定沸点也是鉴定有机化合物及其纯度的一种方法。

二、蒸馏仪器

《本草纲目》记载:"烧酒非古法也,自元时始创。其法用浓酒和糟,蒸令汽上,用器承取滴露,凡酸坏之酒,皆可蒸烧。"我国酿酒和蒸馏酒的悠久历史比西方早一千多年,并且,古代、近代蒸馏酒装置与有机化学实验中蒸馏装置比较,我国的蒸馏器具有鲜明的民族特征。

在实训室中进行蒸馏操作,所用仪器主要包括以下三部分。

(1)蒸馏烧瓶:它是最常用的容器。液体在瓶内受热汽化,蒸气经支管进入冷凝管。根据所蒸馏液体的体积来选择蒸馏烧瓶,通常所蒸馏液体的体积不能超过瓶容积的 2/3,也不能少于瓶容积的 1/3。

(2)冷凝管:蒸气在此处冷凝。液体的沸点在 140 ℃以下时用水冷凝管,高于 140 ℃时用空气冷凝管。当蒸馏有高度挥发性和易燃的液体时(如乙醚),应选用较长的冷凝器,使蒸气充分冷凝。

(3)接收器:用于收集冷凝后的液体。常用的接收器是锥形瓶,也可用圆底烧瓶或其他细口瓶接收。

三、蒸馏装置的安装方法

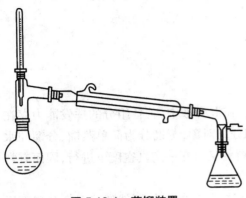

图 5.10-1　蒸馏装置

按图 5.10-1 安装仪器。安装蒸馏装置一般按照由下至上、由左向右的顺序进行,且使仪器处于一个垂直平面。铁架台前端要留出足够的空间以方便实验仪器的组装;用于固定铁夹的双顶丝(俗称 S 夹)在安装时一般要将开口留在上边或右边,用于固定铁夹的旋钮在右边,以方便操作;铁夹的开口要有胶衬(若无,应更换铁夹,或给铁夹缠上细棉绳或胶布)以增大对仪器的摩擦力。依次安装电热套、圆底烧瓶、蒸馏头、直形冷凝管(注意磨口旋紧,以防漏气)。万能夹夹在冷凝管的中上部;直形冷凝管远离蒸馏头的口为入水口,应保持与桌面垂直,另一端为出水口。在直形冷凝管入水口接胶管(称为进水管),另一端与水龙头相连;在其出水口接胶管(称为出水管),另一端放在水槽中。冷凝管入水口和出水口连接胶管时,在玻璃管口上涂水润滑,小心安装胶管并旋转套到出水口和进水口上(可先在水池上方安装好胶管,擦净水滴后安装到蒸馏装置上,注意不要将水滴溅到电热套里)。

为防止蒸馏过程中由于过热而产生暴沸致使液体冲出,甚至使仪器破裂,应在烧瓶中放两根毛细管(毛细管一头封死,开口朝下立放在烧瓶里)或 2 至 3 粒沸石。由于沸石是多孔性物质,在加热过程会放出小气泡,形成汽化中心,从而使液体均匀沸腾,避免暴沸。最后装好磨口温度计或有温度计套管的普通温度计。注意,温度计水银球的位置应该与蒸馏烧瓶支管口的下沿平齐。

技能操作

一、技能目标

(1)掌握常压蒸馏装置的搭建;

(2)掌握常压蒸馏的操作方法;

(3)正确记录数据。

二、素质目标

(1)实训开始前,按要求清点仪器,并做好实训准备工作;

(2)实训过程中,保持实训台整洁;

(3)按实训要求准确记录实训过程,完成实训报告;

(4)实训结束后,认真清洗仪器,清点实训仪器并恢复实训台原样;

（5）全班完成实训任务后,做好实训室卫生。

三、仪器及试剂

仪器:单口圆底烧瓶(100 mL)、蒸馏头、温度计(分度值 0.1 ℃、量程 0~100 ℃)、单口圆底烧瓶或锥形瓶(50 mL)、直形冷凝管、接液管、可控温电热套、升降台、铁架台、烧瓶夹、万能夹、双顶丝、橡胶管、长颈漏斗。

试剂:70%~75% 工业乙醇(50 mL)。

四、实训操作提示

（1）搭建蒸馏装置。

（2）蒸馏操作。

搭建好的蒸馏装置,经检查合格后,缓

扫一扫:工业乙醇的蒸馏

缓通入冷凝水(从节约用水和安全角度考虑,出水管口有细小水流流出即可)。量取 50 mL 75% 工业乙醇,用长颈漏斗通过蒸馏头向 100 mL 圆底烧瓶中小心加入乙醇(让漏斗下端伸到蒸馏头支管的下方,以防液体未经蒸馏而流出),加完乙醇后加 2 至 3 粒沸石。装好温度计。打开电热套加热,观察温度计的读数及蒸气上升的情况,加热至 70 ℃时,调节电热套使馏出速度控制在每秒馏出 2 至 3 滴。馏出速度太快,会导致温度计读数不准;馏出速度太慢,有可能造成蒸气间断现象,使温度计读数不稳定。但应注意的是,在沸腾停止或停止蒸馏时,原有的沸石即失效,若需重新加热,应待液体冷却一段时间后,再补加沸石;否则会引起暴沸,使部分液体冲出瓶外而造成危险。

收集前馏分(如果没有前馏分,就取前 4 滴馏分作为前馏分),量取前馏分体积,记录下来。当温度计上升至 77 ℃时,将原来的接收瓶(50 mL)换成已称重的干燥的 50 mL 圆底烧瓶为接收器接收主馏分,保持每秒 2 滴的馏出速度,蒸馏至 81.5 ℃,收集 4 ℃馏程的馏分。

当瓶内剩下约 5 mL 液体时,若维持原来的加热速度,温度计读数可能会突然下降,此时即可停止蒸馏(不要将瓶内液体蒸干,养成至少留下 1~2 mL 液体的习惯,以防出现危险),关闭加热装置,取下主馏分接收瓶。

（3）蒸馏装置的拆卸。

实验完毕后,首先将热源撤掉,稍冷,待液体停止沸腾后关闭冷凝水,将温度计取下放好。拆卸仪器的次序与安装正好相反。先把接收器取下放好,再取下接引管、冷凝管、蒸馏头,最后将圆底烧瓶取下来。橡胶管在取下后摘除,用过的仪器清洗后备用。用量筒量出收集的主馏分的体积,记下回收量并计算回收率。馏液回收。

五、思考题

（1）蒸馏时对蒸馏瓶内所装液体的体积有什么要求?

（2）蒸馏时为什么要加入沸石? 如果蒸馏前忘记加沸石,应怎么办?

（3）蒸馏时为什么要控制馏出速度?

任务评价

操作要点	考核标准	分值	得分
准备工作	正确选取所需仪器	5	
装置搭建	铁架台、铁夹、双顶丝使用正确	5	
	圆底烧瓶安装正确	5	
	温度计安装正确	5	
	冷凝水连接正确	5	
	整体装置牢固且在一个平面上	5	
蒸馏操作	量取反应液体的操作正确	5	
	反应液移入体系操作正确	5	
	沸石使用正确	5	
	加热温度控制正确	10	
	馏分收集操作正确	10	
	实验装置拆卸方式正确	5	
	馏分回收操作正确	5	
数据处理	原始记录及时、准确、清晰	10	
	计算回收率正确	5	
实训习惯	实训过程中保持实训台整洁	5	
	实训完毕,及时收拾实训台	5	

实训操作记录

任务名称：

实训地点：　　　　　姓名：　　　　　班级：　　　　　完成日期：

一、实训目的

二、实训原理

三、主要仪器设备、试剂

仪器设备：

试剂：

四、实训操作步骤及现象

操作步骤	现象

五、实训原始数据记录与处理（产率计算）

六、结果与讨论

（主要内容：对测定数据及计算结果进行分析、比较；如果实训失败了，应找出失败的原因；对实训过程中出现的异常现象进行分析；对仪器装置、操作步骤、实训方法提出改进意见；指出实训注意事项；回答思考题；等等）

任务 5-11　乙醇的分馏

知识链接

一、分馏

分馏又称精馏,是液体有机化合物分离和提纯的一种方法,主要用于分离和提纯沸点很接近的有机液体混合物。在工业生产上,安装分馏塔(或精馏塔)进行分馏操作;而在实训室中,则使用分馏柱进行分馏操作。

加热反应液,使沸腾的混合物蒸气通过分馏柱,由于柱外空气的冷却,蒸气中的高沸点组分冷却为液体,回流入烧瓶中,故上升的蒸气中易挥发组分的相对量增加,而冷凝的液体中不易挥发组分的相对量也增加。冷凝液在回流过程中,与上升的蒸气相遇,二者进行热交换,上升蒸气中的高沸点组分又被冷凝,而易挥发组分继续上升。这样,在分馏柱内进行无数次的汽化、冷凝、回流的循环过程。当分馏柱的效率高、人员操作正确时,在分馏柱上部逸出的蒸气接近纯的易挥发组分;而向下回流入烧瓶的液体,则接近纯的难挥发组分。继续升高温度,可将难挥发组分也蒸馏出来,从而达到分馏的目的。简而言之,分馏即为反复多次的简单蒸馏。

二、分馏仪器

在实训室中进行分馏操作,所用仪器主要包括以下四部分。

(1)蒸馏烧瓶:它是最常用的容器。液体在瓶内受热汽化,蒸气经支管进入冷凝管。根据所蒸馏液体的体积来选择蒸馏烧瓶,通常所蒸馏液体的体积不能超过瓶容积的 2/3,也不能少于瓶容积的 1/3。

(2)分馏柱:分馏柱的种类较多。一般实训室常用的分馏柱有填充式分馏柱和刺形分馏柱(又称韦氏分馏柱),见图 5.11-1。

　　　　(a)　　　　　　　　　　　　　　　　　(b)

图 5.11-1　分馏柱

(a)填充式分馏柱　(b)刺形分馏柱

填充式分馏柱是在柱内填上各种惰性材料——填料构成的,填料有玻璃(玻璃珠、玻璃管)、陶瓷或金属(螺旋形、马鞍形、网状)。玻璃的优点是不会与有机化合物发生反应,而金属则可与卤代烷之类的化合物发生反应。为了提高分馏柱的分馏效率,在分馏柱内装入具有较大比表面积的填料,填料之间应保留一定的空隙,要遵循适当紧密且均匀的原则,这样就可以增加回流液体和上升蒸气接触的机会。在分馏柱底部往往放一些玻璃丝以防填料坠入蒸馏容器中。填料式分馏柱效率较高,适合分离一些沸点差距较小的化合物。

刺形分馏柱结构简单,且较填料式分馏柱黏附的液体少,但与同样长度的填料式分馏柱相比,分馏效率低,适合分离沸点差距较大的少量液体。

(3)冷凝管:蒸气在此处冷凝。液体的沸点在 140 ℃ 以下时用水冷凝管,高于 140 ℃ 时用空气冷凝管。蒸馏有高度挥发性和易燃的液体时(如乙醚),选用较长的冷凝器,使蒸气充分冷凝。

(4)接收器:收集冷凝后的液体。常用的接收器是锥形瓶,也可用圆底烧瓶和其他细口瓶接收。

三、分馏装置的安装方法

按图 5.11-2 安装仪器。分馏装置由蒸馏部分、冷凝部分与接收部分组成。分馏装置比蒸馏装置多一根分馏柱。分馏装置的安装方法与蒸馏装置相同。在安装时,要注意保持烧瓶与分馏柱的中心轴线上下对齐,使"上下一条线",不要出现倾斜。必要时可将分馏柱用石棉绳、玻璃布或其他保温材料进行包扎,外面可用铝箔覆盖以减少柱内热量的散发,削弱风与室温的影响,保持柱内适宜的温度梯度,提高分馏效率。

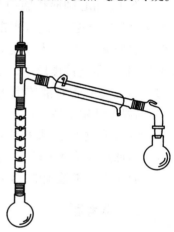

图 5.11-2 简单分馏装置

技能操作

一、技能目标

(1)掌握简单分馏装置的搭建;

(2)掌握简单分馏的操作方法;

(3)正确记录数据。

二、素质目标

(1)实训开始前,按要求清点仪器,并做好实训准备工作;

(2)实训过程中,保持实训台整洁;

(3)按实训要求准确记录实训过程,完成实训报告;

(4)实训结束后,认真清洗仪器,清点实训仪器并恢复实训台原样;

(5)全班完成实训任务后,做好实训室卫生。

三、仪器及试剂

仪器:单口圆底烧瓶(100 mL)、蒸馏头、温度计(分度值 0.1 ℃、量程 0~100 ℃)、刺形分馏柱、单口圆底烧瓶或锥形瓶(50 mL)、直形冷凝管、接液管、可控温电热套、升降台、铁架台、烧瓶夹、万能夹、双顶丝、橡胶管、长颈漏斗。

试剂:65% 乙醇(50 mL)。

四、实训操作提示

(1)搭建分馏装置。

(2)分馏操作。

在 100 mL 圆底烧瓶中加入 65% 乙醇 50 mL,加入 2 至 3 粒沸石,装好分馏装置,仔细检查接口是否严密、温度计水银球的位置和接收器的稳定性。用电热套加热烧瓶,开始时可用稍大一点的火力加热,当温度达 65 ℃ 左右时,改用小火缓慢加热,此时蒸馏瓶内液体缓慢地开始沸腾,瓶内蒸气慢慢地沿分馏柱上升,一定要控制好加热温度,以保持分馏柱中有均匀的温度梯度。当冷凝管有液体馏出时,要记下此刻温度计的读数(初馏点)。仔细观察温度计的读数,当温度开始平稳不再上升时,改换接收器收集主馏分。

在分馏过程中,要控制加热温度,使馏出速度控制在 2~3 s 馏出 1 滴为宜,同时注意空气流动对加热火焰和分馏柱柱温的影响。

收集 1~2 ℃ 范围的主馏分,称量,用干燥过的量筒称量体积,计算主馏分回收率。

五、思考题

(1)在分流装置中分馏柱为什么要尽可能垂直?

(2)在分馏操作中若加热太快,则分离两种液体的能力会显著下降,为什么?

任务评价

操作要点	考核标准	分值	得分
准备工作	正确选取所需仪器	5	
装置搭建	铁架台、铁夹、双顶丝使用正确	5	
	圆底烧瓶安装正确	5	
	分馏柱安装正确	5	
	温度计安装正确	5	
	冷凝水连接正确	5	
	整体装置牢固且在一个平面上	5	

续表

操作要点	考核标准	分值	得分
分馏操作	量取反应液体的操作正确	5	
	反应液移入体系操作正确	5	
	沸石使用正确	5	
	加热温度控制正确	10	
	馏分收集操作正确	5	
	实训装置拆卸方式正确	5	
	馏分回收操作正确	5	
数据处理	原始记录及时、准确、清晰	10	
	计算回收率正确	5	
实训习惯	实训过程中保持实训台整洁	5	
	实训完毕,及时收拾实训台	5	

实训操作记录

任务名称：

实训地点： **姓名：** **班级：** **完成日期：**

一、实训目的

二、实训原理

三、主要仪器设备、试剂

仪器设备：

试剂：

四、实训操作步骤及现象

操作步骤	现象

五、实训原始数据记录与处理（产率计算）

六、结果与讨论

（主要内容：对测定数据及计算结果进行分析、比较；如果实训失败了，应找出失败的原因；对实训过程中出现的异常现象进行分析；对仪器装置、操作步骤、实训方法提出改进意见；指出实训注意事项；回答思考题；等等）

任务 5-12　乙酰苯胺的重结晶

知识链接

一、重结晶

重结晶是将晶体溶于溶剂或熔融以后,又重新从溶液或熔体中结晶的过程,又称再结晶。重结晶可以使不纯净的物质得到纯化,或使混合在一起的盐类彼此分离。重结晶的效果与溶剂的选择大有关系,最好选择对主要化合物可溶、对杂质微溶或不溶的溶剂。滤去杂质后,将溶液浓缩、冷却,即得纯制的物质。

重结晶一般适用于杂质含量小于 5% 的固体物质的提纯。杂质含量过高,提纯和分离比较困难,这时应采用其他方法进行初步提纯,然后进行重结晶。

二、重结晶的一般过程

（1）选择适宜的溶剂。

选择溶剂时应遵循"相似相溶"的一般原理,即溶质往往溶于结构与其相似的溶剂中。可查阅有关的文献和手册,了解某化合物在各种溶剂中不同温度下的溶解度;也可通过实验来确定化合物的溶解度,即取少量的重结晶物质放入试管中,加入不同种类的溶剂进行预试。

重结晶所用的溶剂必须符合以下条件。

①与待提纯物质不发生化学反应。

②待提纯物质在该溶剂中的溶解度随温度变化较大,即温度高时溶解度较大,在室温或更低温度时溶解度很小;而杂质在该溶剂中的溶解度应很小或很大,即杂质不溶于热的溶剂中,或者是杂质在低温时极易溶于溶剂中,不随待提纯物质析出而保留在母液中。

③易挥发,易于和重结晶物质分离。

④能析出较好的结晶。

⑤无毒或毒性小。

（2）用已选好的溶剂和待提纯的固体物质在溶剂沸点或接近沸点的温度下制成接近饱和的溶液。

（3）如果溶液中存在有色杂质,则加入适量活性炭。

（4）通过热过滤除去活性炭或不溶性杂质。

（5）冷却,析出结晶。

（6）抽滤,使结晶和母液分离,洗涤结晶表面所吸附的母液。

（7）取出晶体,进行干燥,以除去挥发性溶剂。

三、重结晶操作的方法

（1）将待重结晶的物质制成热的饱和溶液。制饱和溶液时，溶剂可分批加入，边加热边搅拌，至固体完全溶解后，再多加 20% 左右。切不可再多加溶剂，否则冷却后析不出晶体。

如需脱色，待溶液稍冷后，加入活性炭，用量为固体质量的 1%~5%，煮沸 5~10 min，切记不可在沸腾的溶液中加入活性炭，那样会有暴沸的危险。

（2）趁热过滤除去不溶性杂质。趁热过滤前，先熟悉保温漏斗的构造（图 5.12-1），然后放入菊花滤纸，要使菊花滤纸向外突出的棱角紧贴于漏斗壁上。菊花滤纸的制作过程如图 5.12-2 所示。为了避免干滤纸吸收溶液中的溶剂，使结晶析出而堵塞滤纸孔，可用少量热的溶剂润湿滤纸，然后将溶液沿玻璃棒倒入漏斗。过滤时，漏斗上可盖上表面皿（凹面向下）以减少溶剂的挥发。盛溶液的器皿一般用锥形瓶。

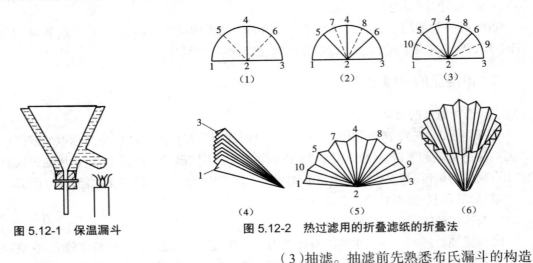

图 5.12-1　保温漏斗　　　图 5.12-2　热过滤用的折叠滤纸的折叠法

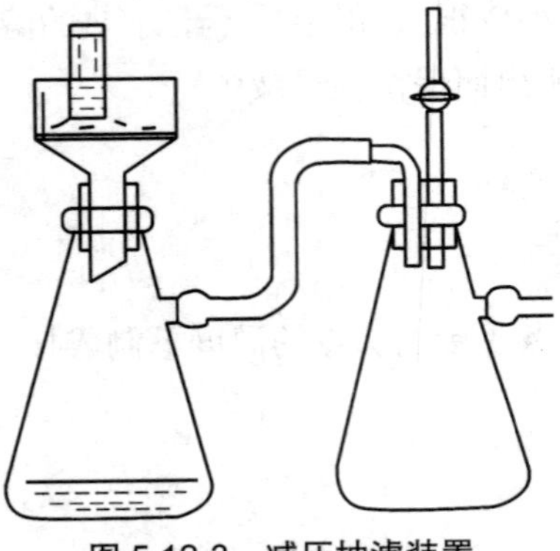

（3）抽滤。抽滤前先熟悉布氏漏斗的构造及连接方式（图 5.12-3），将剪好的滤纸放入，滤纸的直径切不可大于漏斗底边缘，否则滤纸会折边，滤液会从折边处流过造成损失。将滤纸润湿后，可先倒入部分滤液（不要将溶液一次性倒入），然后启动水循环泵，通过安全瓶上的二通活塞调节真空度：开始真空度可低些，这样不至于将滤纸抽破；待滤饼已结一层后，再将余下溶液倒入，此时真空度可逐渐升高，直至抽"干"为止。停泵时，先打开放空阀，再停泵，可

图 5.12-3　减压抽滤装置

避免倒吸。

（4）结晶的洗涤和干燥。用溶剂冲洗结晶后再次抽滤，以除去附着的母液。抽滤和洗涤后的结晶，其表面仍吸附有少量溶剂，因此需用适当的方法进行干燥。固体的干燥方法很多，可根据重结晶所用的溶剂及结晶的性质来选择，常用的方法有以下几种：空气晾干、烘干、用滤

纸吸干、置于干燥器中干燥。

技能操作

一、技能目标

（1）掌握重结晶原理及操作要点；

（2）掌握热过滤和抽滤操作。

二、素质目标

（1）实训开始前，按要求清点仪器，并做好实训准备工作；

（2）实训过程中，保持实训台整洁；

（3）按实训要求准确记录实训过程，完成实训报告；

（4）实训结束后，认真清洗仪器，清点实训仪器并恢复实训台原样；

（5）全班完成实训任务后，做好实训室卫生。

三、仪器及试剂

仪器：100 mL 烧杯、200 mL 烧杯、布氏漏斗、抽滤瓶、表面皿、保温漏斗、铁架台、铁圈、酒精灯。

试剂：乙酰苯胺（粗品）、活性炭。

四、实训操作提示

1.粗产品的溶解

取约 2 g 乙酰苯胺粗产品，放在 100 mL 烧杯中，加入适量的水（查阅乙酰苯胺在沸水中的溶解度，见表 5.12-1，粗略地计算所用水的量）和几粒沸石，搅拌加热至沸腾，如仍有油珠状物，需补加少量水，直到油珠状物在沸腾状态下全部溶解后再加入约 2 mL 水。稍冷，在搅拌下加入 0.5 g 活性炭，并重新加入 2 粒沸石，然后煮沸约 5 min。

表 5.12-1　乙酰苯胺在 100 mL 水中的溶解度

温度 /℃	25	50	80	100
溶解度 /g	0.56	0.84	3.45	5.50

2.热过滤

首先将滤纸折叠成菊花状，然后将滤纸和漏斗一起放在红外灯下预热 5 min，接着按照图 5.12-3 安装好仪器，并用预热的水润湿滤纸，迅速倒入热的粗乙酰苯胺溶液，用预热的水润洗烧瓶并转移至漏斗内过滤。先将得到的近乎无色的滤液缓慢冷却至室温，然后使其在冰水中继续冷却 15 min，将会有大量无色片状晶体出现。

3. 抽滤

将裁剪合适的滤纸放入布氏漏斗内,并用冷水润湿。减压以使滤纸贴紧布氏漏斗底部,然后倒入乙酰苯胺晶体和滤液,抽滤时要尽可能将溶剂除去,并用母液洗涤有残留产品的烧杯,最后用少量冷水洗涤乙酰苯胺的结晶 2 至 3 次。

4. 干燥

小心将布氏漏斗内的乙酰苯胺转移到表面皿上,晾干,称重,计算收率。纯乙酰苯胺为白色片状晶体,熔点为 114 ℃。

 扫一扫:乙酰苯胺的
重结晶

五、思考题

（1）重结晶操作中,应注意哪些因素才能使产率提高、产品质量更好?

（2）结晶如带有颜色(产品本身颜色除外)往往需加入活性炭脱色,加入活性炭时应注意哪些问题? 过滤时你遇到什么样的困难,是如何克服的?

（3）乙酰苯胺重结晶出现油珠原因是什么? 如何正确处理?

任务评价

操作要点	考核标准	分值	得分
准备工作	正确选取所需仪器	5	
粗产品溶解	固体样品称量操作正确	5	
	溶剂选择正确	5	
	固体溶解操作正确	5	
	制备过饱和溶液操作正确	5	
	沸石使用正确	5	
	活性炭使用正确	5	
热过滤	滤纸折叠方式正确	5	
	漏斗选择正确	5	
	热过滤操作正确	10	
抽滤	滤纸选择正确	5	
	抽滤装置组装正确	5	
	抽滤操作正确	5	
干燥	干燥方式正确	5	
数据处理	原始记录及时、准确、清晰	10	
	计算回收率正确	5	
实训习惯	实训过程中保持实训台整洁	5	
	实训完毕,及时收拾实训台	5	

实训操作记录

任务名称：

实训地点：　　　　姓名：　　　　班级：　　　　完成日期：

一、实训目的

二、实训原理

三、主要仪器设备、试剂

仪器设备：

试剂：

四、实训操作步骤及现象

操作步骤	现象

五、实训原始数据记录与处理（产率计算）

六、结果与讨论

（主要内容：对测定数据及计算结果进行分析、比较；如果实训失败了，应找出失败的原因；对实训过程中出现的异常现象进行分析；对仪器装置、操作步骤、实训方法提出改进意见；指出实训注意事项；回答思考题；等等）

任务 5-13　从茶叶中提取咖啡因

知识链接

一、固体物质的萃取

从固体物质中提取所需物质,是利用溶剂对固体物质中待提取成分和杂质的溶解度不同而达到分离和提取目的的。常用的方法有长期浸取法和连续萃取法。

浸取法是将溶剂(即萃取剂)加入待萃取的固体物质中浸泡溶解,使易溶于萃取剂的组分溶出,再进行分离、纯化。当用有机溶剂萃取时,要用回流装置。

连续萃取法是在萃取过程中循环使用一定量的萃取剂,并保持萃取剂体积基本不变的萃取方法。实训室中常用索氏提取器(图 5.13-1)来萃取。

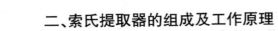

图 5.13-1　索氏提取器

二、索氏提取器的组成及工作原理

索氏提取器是由提取瓶、提取管、冷凝器三部分组成的,提取管一侧有虹吸管和连接管,各部分连接处要严密,不能漏气。

使用索氏提取器时,对烧瓶内溶剂加热,使其蒸气沿提取管侧面的蒸气通道上升至冷凝管,被冷凝为液体,滴到滤纸筒上,滤纸筒被冷凝液浸泡。当提取管中的液面超过吸管的最高处时,溶剂带着从固体中萃取出来的物质流回烧瓶,因冷凝回到提取管的是纯溶剂,所以经过多次重复就可将待提取的物质富集于烧瓶内。提取结束后,对提取液进行分离,即可得到产物。

三、索氏提取器的操作方法

(1)将固体物质研细,放入滤纸筒内,将上下口包紧,以免固体漏出。纸筒高度不宜超过索氏提取器的虹吸管。同时纸筒不宜包得过紧,过紧会减小固液接触面积,但过松会导致滤纸筒难以取放。

(2)提取装置应按由下向上的顺序安装。以热源的高度为基准,将烧瓶用烧瓶夹固定好,烧瓶内加入数粒沸石,装上提取器,于提取器上方安装球形冷凝管,并用万能夹固定好。安装好的仪器应垂直于实训台台面。

(3)从提取器上口加入有机溶剂,液体通过虹吸流入蒸馏瓶,加入溶剂的量应视提取时间和溶解程度而定。

(4)通入冷凝水,加热,液体沸腾后开始回流。液体在提取管中蓄积,使固体浸入液体中。

当液面超过虹吸管顶部时,蓄积的液体带着从固体中提取出来的易溶物质流入蒸馏瓶中。如此反复,即可将固体中易溶的物质全部提取到液体中来。在提取过程中,应注意调节温度,温度过高会使被提取的溶质在烧瓶壁上结垢或炭化。

技能操作

一、技能目标

(1)掌握索氏提取器的作用和使用方法;
(2)巩固蒸馏的基本操作;
(3)掌握用升华法纯化物质的操作。

二、素质目标

(1)实训开始前,按要求清点仪器,并做好实训准备工作;
(2)实训过程中,保持实训台整洁;
(3)按实训要求准确记录实训过程,完成实训报告;
(4)实训结束后,认真清洗仪器,清点实训仪器并恢复实训台原样;
(5)全班完成实训任务后,做好实训室卫生。

三、实训原理

茶是中华民族的举国之饮,中国茶文化反映出中华民族悠久的文明和礼仪,茶文化的内涵就是中国文化的一种具体表现。6 000多年前,生活在浙江余姚田螺山一带的先民们就开始植茶树,田螺山是迄今为止考古发现的我国最早的人工种植茶树的地方。《神农本草经》记载:"神农尝百草,日遇七十二毒,得茶解之。"茶叶中生物碱以咖啡碱(咖啡因)为主,约占1%~5%,同时含有丹宁酸、色素、纤维素等物质。咖啡因是弱碱性化合物,可溶于氯仿、丙醇、乙醇和热水,难溶于乙醚和苯(冷)。纯品熔点为235~236 ℃,含结晶水的咖啡因为无色针状晶体,在100 ℃时失去结晶水,并开始升华,120 ℃时显著升华,178 ℃时迅速升华。利用这一性质可纯化咖啡因。本实验以乙醇为溶剂,在索氏提取器中连续抽提,然后浓缩,即可得粗咖啡因,利用升华可纯化咖啡因。

四、仪器及试剂

仪器:烧杯、锥形瓶、量筒、铁架台、索氏提取器、玻璃漏斗、圆底烧瓶、蒸馏头、直形冷凝管、尾接管、蒸发皿。

试剂:茶叶、95%乙醇、氧化钙(生石灰)。

五、实训操作提示

装好提取装置。称取10 g茶叶末,放入索氏提取器的滤纸筒内,在圆底烧瓶中加入80 mL

95% 乙醇,用水浴加热,连续提取 2~3 h。待冷凝液刚刚通过虹吸流入蒸馏瓶时,立即停止加热。稍冷后,改成蒸馏装置(图 5.13-2),回收提取液中的大部分乙醇。趁热将瓶中的残液倾入蒸发皿中,拌入 3~4 g 生石灰粉,使其成为糊状,然后在蒸汽浴上蒸干,其间应不断搅拌,并压碎块状物。最后将蒸发皿移至石棉网上,用小火焙炒片刻,除去全部水分。冷却后擦去沾在蒸发皿边上的粉末,以免升华时污染产物。

　　取一只口径合适的玻璃漏斗,隔着刺有许多小孔的滤纸(孔刺向上)罩在蒸发皿上(图 5.13-3),在石棉网上小心加热升华(注意蒸发皿底部稍离开石棉网加热,并在附近悬挂温度计提示升华温度)。当纸上出现白色毛状结晶时,暂停加热,冷至 100 ℃ 左右。小心取下漏斗,揭开滤纸,用刮刀将纸上和器皿周围的咖啡因刮下。残渣经搅拌后用较大的火继续加热片刻,使其升华完全。合并两次升华得到的咖啡因,称重。

扫一扫:从茶叶中提取
咖啡因

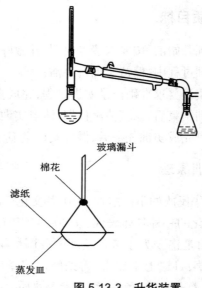

图 5.13-2 　蒸馏装置　　　　　　　　图 5.13-3 　升华装置

六、思考题

(1)提取咖啡因时用到的生石灰作用是什么?
(2)具有什么条件的固体有机化合物,才能用升华法进行提纯?
(3)若滤纸包中的茶叶末漏出,有可能出现什么情况?

任务评价

操作要点	考核标准	分值	得分
准备工作	正确选取所需仪器	5	

续表

操作要点	考核标准	分值	得分
萃取	正确称量固体样品	5	
	正确选择及量取溶剂	5	
	正确搭建索氏提取器	5	
	萃取操作正确	10	
蒸馏	正确搭建蒸馏装置	5	
	蒸馏操作正确	5	
蒸发	蒸发操作正确	5	
升华	正确准备滤纸	5	
	正确选择漏斗	5	
	正确搭建升华装置	5	
	升华操作正确	10	
	产物称量正确	5	
数据处理	原始记录及时、准确、清晰	10	
	计算回收率正确	5	
实训习惯	实训过程中保持实训台整洁	5	
	实训完毕,及时收拾实训台	5	

实训操作记录

任务名称：

实训地点：　　　　姓名：　　　　班级：　　　　完成日期：

一、实训目的

二、实训原理

三、主要仪器设备、试剂

仪器设备：

试剂：

四、实训操作步骤及现象

操作步骤	现象

五、实训原始数据记录与处理（产率计算）

六、结果与讨论

（主要内容：对测定数据及计算结果进行分析、比较；如果实训失败了，应找出失败的原因；对实训过程中出现的异常现象进行分析；对仪器装置、操作步骤、实训方法提出改进意见；指出实训注意事项；回答思考题；等等）

任务 5-14　熔点的测定

知识链接

在一定条件下,物质的固态和液态达到平衡状态而共存时的温度,就是该物质的熔点,缩写为 m.p.。物质从开始熔化至全部熔化的温度范围称为熔距。

熔点是物质的物理常数之一,通过物质熔点的测定可以鉴别物质。对于纯物质,其熔距一般不超过 1℃,随着纯度的降低,熔距变宽,且熔点下降,因此通过物质熔点的测定还可以判断物质的纯度。

当测得某一未知物的熔点与一标准物质的熔点相同时,可初步判断此未知物与该标准物质是同一种物质。测定时至少以三种比例(1∶9、1∶1、9∶1)混合研细后的未知物和标准品,然后测定混合后物质的熔点。若熔点下降或熔距变宽,即可判断二者不是同一种物质;若混合物的熔点不发生变化(与标准物质熔点相同),则基本可以确定二者为同一种物质。熔点的测定方法有毛细管法、显微熔点测定法等。毛细管法是最常用的熔点测定方法,它具有仪器简单、操作方便的特点,因此应用广泛。

一、显微熔点测定法

显微熔点测定法所用仪器为显微熔点测定仪。显微熔点测定仪广泛应用于化工、医药、纺织、橡胶等行业中有机物质的分析检验。该仪器是一台带有电热载物台的显微镜,可利用可变电阻随时调节电热装置的升温速度。仪器的光学元件由目镜、棱镜、物镜、反射镜、滤色片、偏光片等元件组成。利用光源照亮被测物体,经过显微镜放大,在目镜视场里可以观察到物质从固态转变为液态的熔化全过程。用显微熔点测定仪测定物质熔点具有以下优点:可以直接观察物质在熔化前与熔化时的变化情况,如试样的升华、分解、脱水及晶形转化的过程;适用于微量分析,仅需几颗晶体即可测定;能测熔点在室温至 300℃ 的样品。但缺点是仪器较为复杂,操作不便。一般化验室常常使用毛细管法测定熔点。

二、毛细管法

采用毛细管法测定熔点,实际上测得的不是一个温度点,而是熔距,所得的结果也常高于真实的熔点,但用于一般纯度的鉴定已经可以满足要求。

1. 测定原理

将试样研细后装入毛细管,置于热浴中逐渐升温,观察毛细管中试样的熔化现象。当试样出现明显的局部液化现象时的温度为初熔点,试样全部熔化时的温度为终熔点,初熔点和终熔点之间的温度范围即为熔距。

2. 测定仪器

采用毛细管法测定熔点时一般都使用热浴加热,要求热浴装置满足结构简单、操作方便、加热均匀、升温速度易控等条件。常用的热浴有双浴式和提勒管式两种（图 5.14-1）。双浴式热浴采用双载热体加热，故具有加热均匀、加热速度易控的优点，是目前实验室测定熔点的常用装置。提勒管的支管可以使载热体在受热时产生对流循环，从而保证整个管内温度均匀。

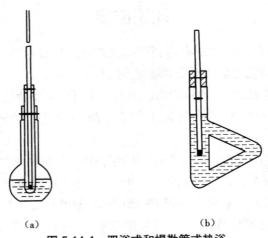

（a）　　　　　　　　　　　　（b）

图 5.14-1　双浴式和提勒管式热浴

（a）双浴式热浴　（b）提勒管式热浴

　　熔点测定中载热体的沸点应高于试样的全熔温度，且性能稳定、清澈透明。常用的载热体见表 5.14-1。

表 5.14-1　常用载热体及最高使用温度

载热体	最高使用温度 /℃	载热体	最高使用温度 /℃
30 号甲基硅油	150	液体石蜡	230
100 号甲基硅油	300	石蜡	250~350
甘油	230	浓硫酸	220

3. 熔点的校正

　　熔点的测定值是通过温度计直接读取的，温度计的示值和读数直接影响熔点测定的准确性。因此，校正熔点实际上就是校正温度计。

　　用毛细管法测定熔点时，温度计上的熔点读数与真实熔点之间常有一定的偏差，原因是多方面的。除了温度计中的毛细管孔径不均匀或由于长期使用玻璃发生体积变形使刻度不准等示值误差以外，还存在温度计外露段误差。

1）温度计的示值校正

　　熔点测定中使用的温度计分为棒式和内标式两种玻璃温度计，其测量分度值为 0.1 ℃，在使用前必须用标准温度计进行示值误差校正。一般要求：150 ℃以下，校正值 < 0.5 ℃；150 ℃以上，校正值 < 1 ℃。每年至少校正一次，校正后画出温度计校正曲线。

　　校正方法是将一支同样量程的标准温度计与待校正温度计置于同一恒温槽中且在同一水

平面上,恒温槽的温度控制在被校温度 ±0.1 ℃。待温度稳定 10 min 后,分别记录两温度计读数,得出相应的校正值。调节恒温槽使之处于一系列(五六个)恒定温度下,即得出一系列相应的校正值,利用校正值对温度值作校正曲线,如图 5.14-2 所示。从校正曲线上可读出任一温度下的温度计示值校正值 Δt_1。

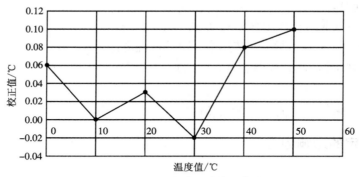

图 5.14-2　温度计示值校正曲线

也可选择几种已知熔点的纯粹有机化合物作为标准(表 5.14-2),以实测的熔点为纵坐标,以测得的熔点与已知熔点的差值为横坐标,绘成曲线,从图中曲线上也可直接读出温度计的示值校正值。

表 5.14-2　熔点测定常用纯化合物及其熔点

纯化合物	熔点 /℃	纯化合物	熔点 /℃
水 – 冰	0.0	苯甲酸	122.4
环己醇	24.45	水杨酸	158.3
薄荷醇	42.5	蒽	216.2
二苯甲酮	48.1	邻苯二甲酰亚胺	233.5
对硝基甲苯	51.65	对硝基苯甲酸	241.0
萘	80.25	酚酞	265.0
乙酰苯胺	114.2	蒽醌	286.0

2)温度计外露段校正

温度计刻度有全浸式和半浸式两种。全浸式温度计的刻度是在温度计的汞线全部均匀受热的情况下刻出来的,在使用这类温度计测定熔点时由于仅有部分汞线受热,因而测出来的温度较低。温度计外露段的近似校正值为

$$\Delta t_2 = 0.000\,157(t_1 - t_2)h$$

式中　t_1——主温度计读数;

　　　t_2——辅助温度计读数(外露段水银柱的平均温度);

　　　h——外露在热浴液面或刚露出胶塞的刻度值与 t_1 点之间以摄氏度计的水银柱高度;

0.000 157——玻璃与水银的膨胀系数之差。

综上,校正后的熔点 t 可以按照下式计算:

$$t = t_1 + \Delta t_1 + \Delta t_2$$

4. 测定方法

（1）封口:用酒精灯加热使毛细管一段熔封。

（2）装样:将试样装入一段熔封的毛细管。

（3）安装:按照图 5.14-1 所示安装热浴、载热液、温度计。

（4）测定:将热浴液升温,控制温度。密切观察试样加热和熔化情况,及时记下温度变化,确定熔距。

（5）计算:根据熔点校正值,计算熔点值。

三、熔点测定的影响因素

1. 杂质

试样中含有杂质时,会造成熔点降低,熔距变宽。因此测定熔点前一定要干燥试样,除去水分,并防止混入杂质。

2. 毛细管

毛细管内壁应干燥、洁净,否则会使测得的熔点偏低。毛细管底部要熔封,但不宜太厚。毛细管粗细要均匀,内径约为 1 mm,内径过细会导致装样困难,过粗会使试样受热不均匀。

3. 试样的填装

试样装入前要尽可能研细。装入量不可过多,否则会导致熔距变宽。试样一定要装填紧密,一般要求毛细管中试样振实后有 2~3 mm 高。测定易分解、易脱水、易吸潮或易升华的试样时,应将毛细管的另一端也熔封。

4. 升温速度

升温速度不宜过快或过慢。载热体升温快,热量传递不及时,会使试样温度与温度计示值不符,测得值偏高。另外,升温过快,读数也存在一定的困难。载热体升温慢,易分解和易脱水的试样在加热过程中会生成分解产物,使试样中混入杂质,导致测得的熔点偏低。

5. 熔化现象的观察

要正确观察初熔温度和全熔温度（图 5.14-3）。某些试样在熔化前出现的收缩、软化、出汗、发毛等现象,均不可作为初熔温度的判断依据,否则会导致测得值偏低。受热过程中出现上述现象,说明试样质量较差。

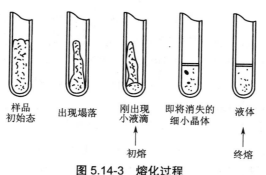

样品　　出现塌落　　刚出现　　即将消失的　　液体
初始态　　　　　　　小液滴　　细小晶体

初熔　　　　　终熔

图 5.14-3　熔化过程

技能操作

一、技能目标

（1）掌握毛细管法测定有机物熔点的操作；

（2）掌握温度计外露段校正方法；

（3）正确读数；

（4）正确记录数据。

二、素质目标

（1）实训开始前，按要求清点仪器，并做好实训准备工作；

（2）实训过程中，保持实训台整洁；

（3）按实训要求准确记录实训过程，完成实训报告；

（4）实训结束后，认真清洗仪器，清点实训仪器并恢复实训台原样；

（5）全班完成实训任务后，做好实训室卫生。

三、实训操作提示

1. 仪器准备

提勒管（b 形管）、毛细管、酒精灯、铁架台、玻璃棒、表面皿、温度计、缺口单孔软木塞。

2. 试剂准备

硅油或液体石蜡、苯甲酸、萘。

3. 操作步骤

（1）毛细管封口：将毛细管向上倾斜 45° 伸入酒精灯火焰中，边烧边不停转动，使毛细血管顶端受热均匀，直到顶端熔化为一光亮小球，说明已经封好。

（2）填装试样：取 0.1~0.2 g 试样，置于干净的表面皿中，用玻璃棒研成尽可能细的粉末，聚成小堆，将毛细管开口一端插入粉末堆中，试样便被挤入管中，再把毛细管开口一端向上，通过一根长约 40 cm 的干燥玻璃管，使其自由落下，重复操作，直至试样紧缩至 2~3 mm 高为止。

（3）安装仪器：将提勒管夹在铁架台上，往其中装入硅油至高出其上侧管 1 cm 为宜。 管口配一缺口单孔软木塞。把毛细管紧附在温度计旁，试样部分应靠在温度计水银球的中部，或用橡皮圈将毛细管紧固在温度计上。要注意将橡皮圈置于距硅油 1 cm 以上的位置。将黏附有毛细管的温度计小心地插入提勒管中，插入的深度以水银球恰在提勒管两侧管的中部为准。加热时火焰须与提勒管的倾斜部分接触。

（4）测定熔点：初始加热时，可按每分钟 3~4 ℃的速度升高温度。当温度升高至与待测试样的熔点相差 10~15 ℃时，降低升温速度，控制升温速度为（ 1 ± 0.1 ）℃ /min。密切观察试样加热和熔化情况。记下初熔温度和终熔温度，即为此试样的熔化范围，即熔距。

将热浴液升温，控制升温速度不超过 5 ℃ /min，当温度升至低于试样熔点 10 ℃时，及时记下温度变化，确定熔距。

4. 注意事项

（1）测定熔点前要烘干和研细试样，并将其紧密装填在毛细管中。切记装入量不宜过多，否则会导致熔距变宽。

（2）测定易分解、易氧化或易脱水的物质的熔点时，毛细管开口端也要熔封。

（3）测定未知物的熔点时，应先对试样粗测 1 次，加热可以稍快，找出大概熔距后，再规范测 2 次。

（4）熔点测定至少要有 2 次的重复数据。每一次测定都必须用新的毛细管装样品。

（5）再次测定时，须等浴液冷却至低于此试样熔点 20~30 ℃时，才能开始。

（6）混合试样的熔点测定至少要测定三种混合比例，即 1：9、1：1 和 9：1。

（7）实验完毕，要等温度计自然冷却至接近室温时，才能用水冲洗。硅油要冷至室温时，方可倒回原试剂瓶。

（8）毛细管法是实训室中测定熔点较为常用的方法。 目前已有更为先进的仪器，如显微熔点测定仪、自动熔点测定仪等，这些仪器的特点是操作方便、读数准确、试剂用量少。

四、思考题

（1）已测得 A、B 两试样的熔点均为 149~150 ℃，如何判断它们是否为同一物质？

扫一扫：熔点的测定

（2）加热的快慢为什么会影响熔点测定？ 在什么情况下加热可以快一些？ 什么情况下加热则要慢一些？ 如果试样混合不均匀会产生什么不良影响？

（3）是否可以用第一次熔点测定时已用过的毛细管再作第二次测定？ 为什么？

（4）熔点测定中出现以下情况之一，会产生什么影响？

①毛细管壁太厚；

②毛细管不洁净；

③试样未研细或装填疏松；

④升温速度过快；

⑤毛细管底部未完全熔封。

（5）为什么要对温度计外露段进行校正？

（6）影响熔点测定的因素有哪些？

任务评价

操作要点	考核标准	分值	得分
毛细管封口	毛细管封口操作规范	5	
	毛细管封口严密	5	
样品的装填	装样操作规范	5	
	装样量合适	5	
	装样紧密	5	
安装仪器	提勒管、温度计等正确固定	5	
	毛细管、温度计等位置正确	5	
	载热体装填适量	5	
测定熔点	提勒管受热位置正确	5	
	升温速度控制正确	5	
	粗熔点测定正确	5	
	初熔温度判断正确	5	
	终熔温度观察准确	5	
	重复测定正确	10	
熔点计算	温度计外露段校正正确	10	
	温度计示值校正正确	5	
	熔点校正计算正确	5	
实训结束	整理实训装置，处理药品试剂	5	

实训操作记录

任务名称：

实训地点：　　　　　姓名：　　　　班级：　　　　完成日期：

一、实训目的

二、仪器与试剂

三、实训步骤

1. 毛细管的熔封

2. 试样的准备与装填

3. 仪器的安装

4. 升温测定熔点

5. 熔点的校正计算

四、实训结论

试样的熔点为：＿＿＿＿＿＿＿＿＿＿

任务 5-15　沸点的测定

知识链接

液体温度升高时,它的蒸气压随之增大,当液体的蒸气压等于外界大气压时,汽化过程发生在整个液体的内外部,此时液体沸腾。液体在标准大气压(101 325 Pa)下沸腾时的温度称为该物质的沸点。物质沸点的高低与其所受外界压力有关,外界压力越大,液体沸腾时的蒸气压越大,沸点就越高;相反,外界压力越小,液体沸腾时的蒸气压越小,沸点就越低。

沸程是液体在规定条件(0 ℃, 101 325 Pa)下,蒸馏规定体积(一般为 100 mL)的试样,自第一滴馏出物从冷凝管末端滴下的瞬间温度(初馏点)至蒸馏瓶底最后一滴液体蒸发的瞬间温度(终馏点)的间隔。纯物质在一定压力下的沸点范围(沸程)一般为 1~2 ℃,当混有杂质时,其沸程增大。

根据化合物的沸点、沸程可以定性鉴定化合物,判断化合物的纯度。但是,有时由几种化合物形成的恒沸混合物也会有固定沸点,所以沸程小未必就是纯物质。例如,95.6% 的乙醇和4.4% 的水混合,形成的恒沸混合物沸点为 78.2 ℃。

一、沸点的测定方法

1. 微量法(毛细管法)

用毛细管法测沸点的测量装置见图 5.15-1。其中沸点管是由一支长 70~80 mm、直径为4~5 mm、一端封闭的玻璃管和一根长 90~110 mm、直径为 1 mm、一端封闭的毛细管组成的。

测定时,取试样 0.3~0.5 mL 注入玻璃管中,将毛细管倒置其内,其开口端向下。用橡胶圈将沸点管固定在温度计上,置于热浴中,缓缓加热,直至毛细管中冒出一股快而连续的气泡,立即移走热源,气泡逸出速度随着温度下降逐渐减慢,当气泡停止逸出而液体刚要进入毛细管时,此时的温度即为试样的沸点。

对于纯度非常高的物质,微量法能测得准确的沸点;若试样含易挥发性杂质,则测得的沸点偏低。

2. 常量法

常量法适用于受热易分解、易氧化的有机化合物的沸点的测定。其测定装置如图 5.15-2 所示。

向烧瓶中加入约为其容积 1/2 的载热体,量取适量试样注入试管中,试样液面略低于载热体液面。将烧瓶、试管、温度计以胶塞连接,温度计下端距离试样液面约 20 mm。缓慢加热,当温度上升到一定数值并在相当一段时间内保持不变时,此时的温度即为试样的沸点。

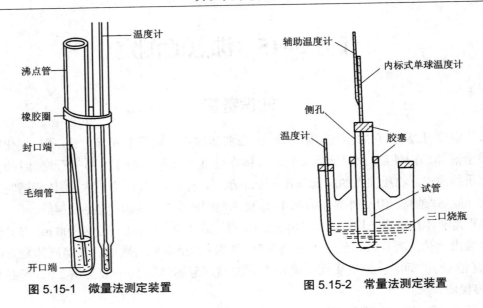

图 5.15-1　微量法测定装置

图 5.15-2　常量法测定装置

二、沸程的测定方法

在工业生产中,对于有机试剂、化工和石油产品,沸程是其主要的质量控制指标之一。人们根据沸程数据对各种产品规定了相应的质量标准,据此可以确定产品的质量。例如,国家标准规定分析纯的苯胺的沸程规格为:在标准状况(0 ℃, 101 325 Pa)下,于 183.0~185.0 ℃温度范围内蒸馏,馏出液体体积不得少于总体积的 95.0%。

沸程的测定一般采用蒸馏法,在标准的蒸馏装置(图 5.15-3)中进行。

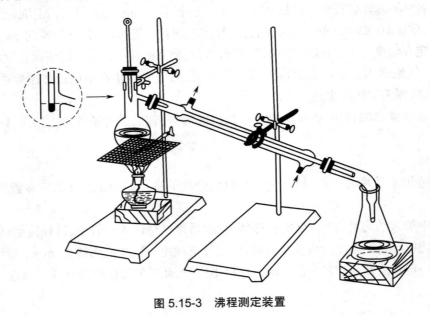

图 5.15-3　沸程测定装置

在规定的条件下,对 100 mL 试样进行蒸馏,观察并记录初馏温度和终馏温度。也可以规定一定的蒸出体积,测定对应的温度范围,或在规定的温度范围测定试样的流出体积,以及残留量和损失量。

用蒸馏法测沸程必须按照规定条件进行。此法操作简单、迅速,重现性好。

三、沸点、沸程的校正

沸点、沸程随外界大气压的变化而变化,由于测定环境不同,存在气压的波动,使沸点、沸程的测定结果存在差别,且无法比较,因此必须对测定结果进行校正,也就是在测定时,准确记录当时当地的大气压,并换算成标准大气压下的值。标准大气压是指重力加速度为 980.665 cm/s^2、温度为 0 ℃时, 760 mm 水银柱作用于海平面上的压力,其数值为 101 325 Pa。由于受地理位置和气象条件的影响,观测大气压往往和标准大气压所规定的条件(0 ℃、纬度 45°、海平面高度)不符,为使所得结果具有可比性,由气压计读得的数据,除了按照仪器说明书的要求进行误差示值校正外,还应进行温度校正和纬度校正(即重力校正)。

1. 气压计读数校正

（1）温度校正:从气压计测得值中减去表 5.15-1 中的校正值,将其校正为 0 ℃时的气压值。

表 5.15-1　气压计读数校正值

室温 /℃	气压计读数 /hPa							
	925	950	975	1 000	1 025	1 050	1 075	1 100
10	1.51	1.55	1.59	1.63	1.67	1.71	1.75	1.79
11	1.66	1.70	1.75	1.79	1.84	1.88	1.93	1.97
12	1.81	1.86	1.90	1.95	2.00	2.05	2.10	2.15
13	1.96	2.01	2.06	2.12	2.17	2.22	2.28	2.33
14	2.11	2.16	2.22	2.28	2.34	2.39	2.45	2.51
15	2.26	2.32	2.38	2.44	2.50	2.56	2.63	2.69
16	2.41	2.47	2.54	2.60	2.67	2.73	2.80	2.87
17	2.56	2.63	2.70	2.77	2.83	2.90	2.97	3.04
18	2.71	2.78	2.85	2.93	3.00	3.07	3.15	3.22
19	2.86	2.93	3.01	3.09	3.17	3.25	3.32	3.40
20	3.01	3.09	3.17	3.25	3.33	3.42	3.50	3.58
21	3.16	3.24	3.33	3.41	3.50	3.59	3.67	3.76
22	3.31	3.40	3.49	3.58	3.67	3.76	3.85	3.94
23	3.46	3.55	3.65	3.74	3.83	3.93	4.02	4.12
24	3.61	3.71	3.81	3.90	4.00	4.10	4.20	4.29
25	3.76	3.86	3.96	4.06	4.17	5.27	4.37	4.47
26	3.91	4.01	4.12	4.23	4.33	4.44	4.55	4.66
27	4.06	4.17	4.28	4.39	4.50	4.61	4.72	4.83
28	4.21	4.32	4.44	4.55	4.66	4.78	4.89	5.01
29	4.36	4.47	4.59	4.71	4.83	4.95	5.07	5.19
30	4.51	4.63	4.75	4.87	5.00	5.12	5.24	5.37
31	4.66	4.79	4.91	5.04	5.16	5.29	5.41	5.54
32	4.81	4.94	5.07	5.20	5.33	5.46	5.59	5.72
33	4.96	5.09	5.23	5.36	5.49	5.63	5.76	5.90
34	5.11	5.25	5.38	5.52	5.66	5.80	5.94	6.07
35	5.26	5.40	5.54	5.68	5.82	5.97	6.11	6.25

（2）重力校正:将温度校正后的气压计读数加上表 5.15-2 中所列的纬度校正值。

$$p = p_t - \Delta p_1 + \Delta p_2$$

式中　p——校正后的气压,hPa;

　　　p_t——室温下气压计读数,hPa;

　　　Δp_1——温度校正值,hPa;

　　　Δp_2——重力校正值,hPa。

表 5.15-2　纬度校正值

纬度	气压计读数 /hPa							
	925	950	975	1 000	1 025	1 050	1 075	1 100
0°	-2.18	-2.55	-2.62	-2.69	-2.76	-2.83	-2.90	-2.97
5°	-2.14	-2.51	-2.57	-2.64	-2.71	-2.77	-2.81	-2.91
10°	-2.35	-2.41	-2.47	-2.53	-2.59	-2.65	-2.71	-2.77
15°	-2.16	-2.22	-2.28	-2.345	-2.39	-2.45	-2.54	-2.57
20°	-1.92	-1.97	-2.02	-2.07	-2.12	-2.17	-2.23	-2.28
25°	-1.61	-1.66	-1.70	-1.75	-1.79	-1.84	-1.89	-1.94
30°	-1.27	-1.30	-1.33	-1.37	-1.40	-1.44	-1.48	-1.52
35°	-0.89	-0.91	-0.93	-0.95	-0.97	-0.99	-1.02	-1.05
40°	-0.48	-0.49	-0.50	-0.51	-0.52	-0.53	-0.54	-0.55
45°	-0.05	-0.05	-0.05	-0.05	-0.05	-0.05	-0.05	-0.05
50°	+0.37	+0.39	+0.40	+0.41	+0.43	+0.44	+0.45	+0.46
55°	+0.79	+0.81	+0.83	+0.86	+0.88	+0.91	+0.93	+0.95
60°	+1.17	+1.20	+1.24	+1.27	+1.30	+1.33	+1.36	+1.39
65°	+1.52	+1.56	+1.60	+1.65	+1.69	+1.73	+1.77	+1.81
70°	+1.83	+1.87	+1.92	+1.97	+2.02	+2.07	+2.12	+2.17

2. 气压对沸点、沸程的校正

沸点或沸程随气压的变化值按下式计算:

$$\Delta t_p = K(1013.25 - p)$$

式中　Δt_p——沸点或沸程随气压的变化值,℃;

　　　K——沸点或沸程随气压的变化率(表 5.15-3),℃/hPa;

　　　p——经温度和重力校正后的气压值,hPa。

表 5.15-3　沸点、沸程随气压变化率

标准中规定的沸腾温度 /℃	气压相差 1 hPa 的校正值 /℃	标准中规定的沸腾温度 /℃	气压相差 1 hPa 的校正值 /℃
10~13	0.026	210~230	0.044
30~50	0.029	230~250	0.047
50~70	0.030	250~270	0.048
70~90	0.032	270~290	0.050

标准中规定的沸腾温度 /℃	气压相差 1 hPa 的校正值 /℃	标准中规定的沸腾温度 /℃	气压相差 1 hPa 的校正值 /℃
90~110	0.034	290~310	0.052
110~130	0.035	310~330	0.053
130~150	0.038	330~350	0.055
150~170	0.039	350~370	0.057
170~190	0.041	370~390	0.059
190~210	0.043	390~410	0.061

校正后的沸点或沸程按下式计算：

$$t = t_1 + \Delta t_1 + \Delta t_2 + \Delta t_p$$

式中　　t_1——试样的沸点、沸程测定值，℃；

　　　　Δt_1——温度计示值校正值，℃；

　　　　Δt_2——温度计外露段校正值，℃；

　　　　Δt_p——沸点或沸程随气压变化值，℃。

技能操作

一、技能目标

（1）正确使用沸点测定装置；

（2）正确使用蒸馏装置；

（3）正确对沸点、沸程进行校正；

（4）正确记录数据。

二、素质目标

（1）实训开始前，按要求清点仪器，并做好实训准备工作；

（2）实训过程中，保持实训台整洁干净；

（3）按实训要求准确记录实训过程，完成实训报告；

（4）实训结束后，认真清洗仪器，清点实训仪器并恢复实训台原样；

（5）全班完成实训任务后，做好实训室卫生。

三、实训操作提示

1. 仪器

（1）沸点测定：三口圆底烧瓶（500 mL）、试管（带侧孔，长 20 mm）、胶塞（带一个出气槽）、主温度计（50~100 ℃，分度值 0.1 ℃）、辅助温度计（0~100 ℃，分度值 1 ℃）、酒精灯或电炉。

（2）沸程测定：带支管的蒸馏烧瓶（100 mL）、主温度计（50~100 ℃，分度值 0.1 ℃）、辅助温度计（0~100 ℃，分度值 1 ℃）、酒精灯或电炉、冷凝管、量筒（100 mL）。

2. 试剂

（1）沸点测定：甘油（A.R.）或浓硫酸（A.R.）、乙醇（A.R.）或环己烷（A.R.）。

（2）沸程测定：乙醇（A.R.）或环己烷（A.R.）。

3. 操作步骤

（1）沸点测定：在三口圆底烧瓶中加入 250 mL 甘油，在试管中加入 2~3 mL 乙醇试样，试管液面应略低于甘油液面。安装测量温度计，使其底端高于试管液面 20 mm。用橡皮圈将辅助温度计固定在测量温度计上，使辅助温度计的水银球位于测量温度计露出胶塞以外的水银柱中部。加热，保持升温速度在 4~5 ℃/min，直到试管中液体沸腾并在 2 min 内保持温度不变。记录主温度计和辅助温度计读数、气压计读数、室温、外露段高度。

（2）沸程测定：用洁净而干燥的 100 mL 量筒量取 100 mL 乙醇试样注入蒸馏烧瓶中，加入几粒洁净的沸石，装好温度计。将量取乙醇的量筒置于冷凝管出口下面，使冷凝管进入量筒的部分不少于 25 mm，同时管口不低于量筒的 100 mL 刻度，在量筒口塞上棉塞。调节加热速度，使第一滴冷凝液滴入量筒的时间为加热后 5~10 min。然后调整温度，将蒸馏速度控制在 4~5 mL/min。记录初馏点、终馏点的温度、室温、气压计读数。

4. 数据处理

按照下式计算校正后的沸点或沸程：

$$t = t_1 + \Delta t_1 + \Delta t_2 + \Delta t_p$$

5. 注意事项

（1）加热速度不宜过快，否则不利于观察，影响测定准确度；

（2）三口圆底烧瓶的一个口必须配有孔的橡皮塞，保证导热液与大气相通；

（3）试样中不能含水，若含水可加入干燥剂去除；

（4）蒸馏应在通风橱内进行。

四、思考题

（1）测定沸点时，如何确定样品的沸点温度？

（2）用常量法测定沸点时，加热的火焰如何控制？

（3）三口瓶上的胶塞为什么要开出气槽？

（4）加热太快和太慢对沸点测定有何影响？

（5）试样测得的沸程很窄，是否说明一定是纯化合物？为什么？

（6）测定沸程为什么要进行气压计校正？

（7）测得二甲苯的沸程为 137.0~140.0 ℃，测定时大气压为 999.92 hPa，辅助温度计读数为 35 ℃，测定处纬度为 38.5°，温度计外露段刻度值为 109.0 ℃，试求校正后的沸程。

任务评价

操作要点	考核标准	分值	得分
沸点的测定	甘油加入量适当	5	
	试样加入量适当	5	
	主温度计安装正确	5	
	辅助温度计安装正确	5	
	加热升温速度适当	5	
	温度计读数正确	5	
	辅助温度计读数正确	5	
	气压计读数正确	5	
	外露段刻度显示读数正确	5	
	正确进行沸点校正	5	
沸程的测定	正确量取试样	5	
	加入沸石	2	
	温度计安装正确	3	
	正确安装蒸馏装置	5	
	量筒口塞好棉塞	5	
	正确判断第一滴冷凝液滴下时间	5	
	正确控制蒸馏速度	5	
	正确记录初馏点	5	
	正确记录终馏点	5	
	正确进行沸程的校正	5	
实训结束	清洗仪器,整理实训台	5	

实训操作记录

任务名称：
实训地点：　　　　　姓名：　　　　班级：　　　　完成日期：

一、实训目的

二、仪器与试剂

三、实训步骤

1. 沸点的测定

2. 沸程的测定

3. 沸点、沸程的校正计算

四、实训结论

样品的沸点为：＿＿＿＿＿＿＿＿＿＿
样品的沸程为：＿＿＿＿＿＿＿＿＿＿

任务 5-16　密度的测定

知识链接

密度是指在一定温度、一定压力下,单位体积内物质的质量,用符号 ρ 表示,常用单位是 g/cm^3。密度的测定方法有密度计法、密度瓶法、韦氏天平法等。

一、密度计法

密度计法是常用的测定液体相对密度的方法,操作简单,可直接读数。它适用于样品量多,而测定结果又不需要十分精确的场合。

密度计是根据阿基米德定律设计的,其本身是一个中空玻璃浮柱,上部有刻度,下部装有铅粒形成重锤,能使其直立于液体中(图 5.16-1)。液体的密度越大,密度计在液体中漂浮得越高。

二、密度瓶法

密度瓶是一种用来间接测量液体相对密度的仪器(图 5.16-2)。它是一个壁很薄的玻璃瓶,配有磨砂的瓶塞,瓶塞中央有一细管。向密度瓶中注满水后用瓶塞塞住瓶子时,多余的水会经过细管从上部溢出,从而保证瓶的容积总是固定的。

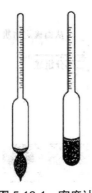

图 5.16-1　密度计

图 5.16-2　密度瓶

常用的密度瓶有带温度计的精密密度瓶(适用于挥发性液体)和带毛细管的普通密度瓶(适用于较黏稠的液体)。密度瓶因形状和容积不同有各种规格,常用的有 25 mL、10 mL、1 mL,一般为球形。比较精密的一种密度瓶带有特制的温度计并具有带磨口小帽的小支管。

由于密度瓶的容积一定,所以在一定温度下,用同一密度瓶分别称量试样和蒸馏水的质量,二者之比即为该试样的相对密度。

三、韦氏天平法

本法依据阿基米德定律。当物体全部浸入液体时,物体所减轻的质量,等于物体所排开液体的质量。

天平(图 5.16-3)使用前应小心清洁,尤其是各刀刃及玛瑙刀座,应用手帕、软毛刷等清洁。严禁使用粗布、硬刷,并须防止擦伤、撞坏。

图 5.16-3　韦氏天平

(1)天平应安装在温度正常(约 20 ℃)的室内,不能在一个方向受热或受冷,同时应免受气流、震动、强力磁源等影响,并安装在牢固的工作台上。

(2)使用时先将盒内各种零件顺次取出,将测锤、弯头温度表和玻璃量筒用酒精揩净,再将支柱紧固螺钉旋松,当托架升至适当高度后旋紧螺钉。横梁置于托架的玛瑙刀座上,将等重砝码挂于横梁右端的小钩上,旋动水平调整脚,使横梁上的指针尖与托架指针尖两尖对准,以示平衡。无法调节平衡时,首先将平衡调节器上的定位小螺钉松开,然后略微转动平衡调节器,直至平衡,再将中间定位螺钉旋紧,严防松动。

(3)将等重砝码取下,换上整套测锤,此时必须保持平衡状态,但允许有 ± 0.000 5 的误差存在。如果天平灵敏度高,则将重心砣旋低,反之旋高。

(4)天平安装后,应检查各部件位置是否正确,待横梁正常摆动后方可认为安装完毕。

技能操作

一、技能目标

(1)正确掌握密度瓶、密度计、韦氏天平的操作;
(2)正确使用密度瓶、密度计、韦氏天平进行密度测定实验;
(3)正确读数;
(4)正确记录数据。

二、素质目标

(1)实训开始前,按要求清点仪器,并做好实训准备工作;
(2)实训过程中,保持实训台整洁;
(3)按实训要求准确记录实训过程,完成实训报告;
(4)实训结束后,认真清洗仪器,清点实训仪器并恢复实训台原样;
(5)全班完成实训任务后,做好实训室卫生。

三、实训操作提示

1. 密度计使用说明

（1）密度计使用前必须全部清洗、擦干。

（2）取用经过清洁处理后的密度计时,手不能拿在刻线部分,必须用食指和拇指轻轻拿在干管顶端,并注意不能横拿,应垂直拿,以防折断。

（3）必须把盛液体用的筒清洗干净,以免影响读数。

（4）要充分搅拌液体,等气泡消除后再使密度计轻轻漂浮于液体里,使密度计在检测点上下三个分度内浮动,待有良好弯月面后读取读数,否则读数不准。

（5）要看清密度计读数方法,除密度计内的小标志上标明"弯月面上缘读数"外,其他一律用"弯月面下缘读数"。

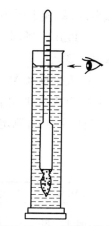

图 5.16-4　密度计的使用

（6）液体温度与密度计标准温度不符时,其读数应予补正。

（7）当发现密度计分度纸位置移动、玻璃裂痕、表面有污秽物附着而无法去除时,立即停止使用。

2. 用密度瓶法测定密度

（1）将密度瓶洗净、烘干（带温度计的瓶塞不要烘干）,冷却至室温,在分析天平上称量空瓶的质量 m_0。

扫一扫:密度的测定

（2）将煮沸 30 min 并冷却至 20 ℃ 左右的蒸馏水装入密度瓶中,立即放入 20 ℃ 的恒温水浴中,使水面浸没瓶颈。

（3）恒温约 20 min 后取出,用滤纸擦干溢出支管的水,盖上小帽,擦干瓶外的水,称量其总质量 $m_水$。

（4）倒出蒸馏水,用乙醇、乙醚洗涤密度瓶,烘干、冷却。

（5）在密度瓶中注满待测液,重复（2）（3）操作,称量其总质量 $m_测$。

（6）重复测定 3 次,取平均值,代入以下公式中计算:

$$\rho_测 = (m_测 - m_0)/(m_水 - m_0) \times 0.998\,20$$

3. 用韦氏天平法测定密度

1）测定

向玻璃筒中注入新煮沸并冷却至 20 ℃ 的蒸馏水,将玻璃浮锤全部浸入水中,不得带有气泡;再将玻璃筒置于恒温水浴中恒温至（20.0 ± 0.1）℃;然后由大到小将骑码加到天平横梁的 V 形槽上,使指针重新对正,天平平衡后,记录读数。

取出浮锤,将玻璃筒内的水倾出,再将玻璃筒和浮锤用 95% 乙醇洗涤后用电吹风吹干;以试样代替水同上操作,根据实验结果求出试样密度。

2）说明和注意事项

（1）韦氏天平备有与浮锤等重的金属锤，在安装天平时，可代替浮锤调节天平平衡。取下等重金属锤，换上浮锤，天平应保持平衡。

（2）取用浮锤时必须十分小心。浮锤放入玻璃筒中不得碰壁，必须悬挂于水和试样中，并浸入同一深度。

（3）天平横梁 V 形槽同一位置上需放两个骑码时，要将小骑码放在大骑码的脚钩上。

（4）韦氏天平调节平衡后，在测定过程中，不得移动位置，不得松动任意螺丝；否则需重新调节平衡后，方可测定。

任务评价

操作要点	考核标准	分值	得分
密度计的使用	密度计清洗	10	
	密度计读数正确	15	
密度瓶法测定密度	密度瓶清洗、烘干、冷却操作正确	10	
	质量数据记录准确	10	
	平行测定、数据处理正确	15	
韦氏天平法测定密度	韦氏天平清洁	10	
	韦氏天平安装正确	20	
实训习惯	实训过程中保持实训台整洁	5	
	实训完毕，及时收拾实训台	5	

实训操作记录

任务名称：

实训地点：　　　　**姓名：**　　　　**班级：**　　　　**完成日期：**

一、实训中目的

二、仪器与试剂

三、实训步骤

1. 密度计的使用

2. 用密度瓶法测定密度

3. 用韦氏天平法测定密度

任务 5–17　凝固点的测定及物质摩尔质量的测定

知识链接

一、凝固点

凝固点是物质的固液两相蒸气压相等时的温度。溶液的凝固点是指刚有溶剂固体析出时的温度。难挥发性的非电解质稀溶液具有依数性,即凝固点降低值正比于溶液的质量摩尔浓度,与溶质的本性无关。也就是说,难挥发非电解质稀溶液的凝固点降低值与溶液的质量摩尔浓度成正比。

$$\Delta T_f = T_f^0 - T_f = K_f \cdot b_B \tag{1}$$

式中　ΔT_f——溶液的凝固点降低值,℃;

　　　T_f^0——溶剂的凝固点,℃;

　　　T_f——溶液的凝固点,℃;

　　　K_f——溶剂的凝固点降低常数,它只与溶剂本性有关。

测定溶液的凝固点时,随着溶液逐渐冷却,有部分溶剂凝固析出,使剩余溶液的浓度增大,剩余溶液与溶剂固相的平衡温度也在下降,所以溶液的凝固点很难精确测量。当出现过冷现象时,可以将温度回升的最高值近似地作为溶液的凝固点。在规定的实验条件下,冷却液态样品,观察液态样品在凝固过程中温度的变化,就可测出其凝固点。

二、物质的摩尔质量

摩尔质量是指每摩尔物质的质量,单位为 g/mol,用符号 M 表示。在使用摩尔质量这个量时,必须指明基本单元。基本单元可以是原子、分子、离子、电子及其他粒子,或是这些粒子的特定组合。

如果已知某溶剂的凝固点降低常数 K_f,并测得溶液的凝固点降低值 ΔT_f,若称取一定量的溶质 $m_B(g)$ 和溶剂 $m_A(g)$,配成稀溶液,代入(2)式即可求得溶质的摩尔质量。

$$\Delta T_f = K_f b_B = K_f \frac{m_B}{m_A M_B} \tag{2}$$

式中　ΔT_f——溶液的凝固点降低值,　℃;

　　　K_f——溶剂的凝固点降低常数,它只与溶剂本性有关;

　　　m_B——溶质的质量,g;

　　　m_A——溶剂的质量,g;

　　　M_B——溶质的摩尔质量,g/mol。

当溶质在溶液里发生解离、缔合、溶剂化反应或形成配合物时,不适用上式计算。

技能操作

一、技能目标

（1）掌握凝固点测定仪的正确使用方法；
（2）掌握凝固点测定的方法；
（3）正确记录数据；
（4）能利用数据进行相关计算。

二、素质目标

（1）实训开始前,按要求清点仪器,并做好实训准备工作；
（2）实训过程中,保持实训台整洁干净；
（3）按实训要求准确记录实训过程,完成实训报告；
（4）实训结束后,认真清洗仪器,清点实训仪器并恢复实训台原样；
（5）全班完成实训任务后,做好实训室卫生。

三、实训操作提示

1. 凝固点的测定

移取 25.00 mL 环己烷于清洁干燥的凝固点管内,将橡胶塞塞紧,插入传感器,记录环己烷的温度。将凝固点管插入寒剂槽中,搅拌冷却,当开始有晶体析出时,放在空气套管中冷却,观察温差仪的温差显示窗口显示值,直至温差显示窗口显示值稳定不变,即为纯溶剂环己烷的初测凝固点。

取出凝固点管,用掌心握住管壁使环己烷熔化,将凝固点管直接插入寒剂槽中,缓慢搅拌,当温度降至高于初测凝固点温度 0.5 ℃时,迅速将凝固点管取出,擦干,插入空气套管中,记下温差示值,并缓慢搅拌,使温度均匀下降,间隔 15 s 记下温差示值。当温度低于初测凝固点 0.2 ℃时,加速搅拌,待温度开始上升时,改为缓慢搅拌。读出稳定的最高温度,记录温度。重复测定 3 次,计算平均温度即为环己烷的凝固点。

2. 物质摩尔质量的测定

取出凝固点管,使环己烷熔化,准确称取约 0.15 g 萘加入凝固点管中,待完全溶解后,测定溶液的凝固点。重复测定 3 次。

实验完成后,洗净凝固点管,关闭电源,擦干搅拌器。

四、思考题

（1）简述利用凝固点进行物质摩尔质量测定的原理。

（2）为什么必须使用干燥的凝固点管?

扫一扫:凝固点的测定

任务评价

操作要点	考核标准	分值	得分
准备工作	准备好所有仪器	3	
移取试样	移液管润洗操作正确	4	
	移液管取样操作正确	3	
	调节液面操作正确	8	
	放液操作正确	5	
凝固点的测定	凝固点管洁净干燥	5	
	凝固点测定仪使用正确	8	
	凝固点管插入空气套管中控制准确	8	
	搅拌速度调节正确	8	
	完成后,洗净凝固点管,关闭电源,擦干搅拌器	5	
电子天平的使用	称量前预热、水平检查及调节	5	
	开机、调零操作正确	5	
	取样操作正确,无药品洒落	8	
	天平关机复原	5	
步骤及记录	实训步骤正确	5	
	实训记录及时、正确	5	
实训习惯	实训过程中保持实训台整洁	5	
	实训完毕,及时收拾实训台	5	

实训操作记录

任务名称：

实训地点：　　　　**姓名：**　　　　**班级：**　　　　**完成日期：**

一、实训目的

二、仪器与试剂

三、实训步骤

1. 凝固点的测定

2. 物质摩尔质量的测定

四、实训记录

室温：＿＿＿＿＿＿＿　℃　　　　大气压：＿＿＿＿＿＿＿　Pa

环己烷的质量：＿＿＿＿＿＿＿　g　　萘的质量：＿＿＿＿＿＿＿　g

物质	凝固点	
	测定值	平均值
环己烷		
萘的环己烷溶液		

任务 5-18 折射率的测定(阿贝折光仪的使用)

知识链接

一般来说,光在两种不同介质中的传播速度是不相同的,所以光线从一种介质进入另一种介质时,如果它的传播方向与两种介质的界面不垂直,则在界面处的传播方向将发生改变,这种现象称为光的折射现象。

折光率是有机化合物最重要的物理常数之一。作为液体物质纯度的标准,它比沸点更为可靠。利用折光率,可以鉴定未知化合物,也可以确定液体混合物的组成。

物质的折光率不但与物质结构和光线有关,而且受温度、压力等因素的影响。所以,折光率的表示,须注明所用的光线和测定时的温度,常用 n_D^t 表示。

一、阿贝折光仪的使用

(一)阿贝折光仪

阿贝折光仪如图 5.18-1 所示。

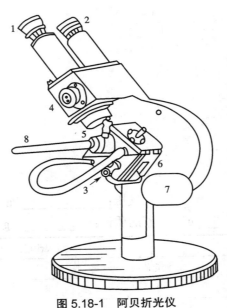

图 5.18-1 阿贝折光仪

1—目镜;2—放大镜;3—恒温水接头;4—消色补偿器;5、6—棱镜;7—反射镜;8—温度计

(二)操作方法

(1)将阿贝折光仪置于靠窗口的桌上或白炽灯前,但要避免阳光直射,用超级恒温槽通入所需温度的恒温水于两棱镜夹套中,棱镜上的温度计应指示所需温度,否则应重新调节恒温槽的温度。

（2）打开折光仪的直角棱镜,用擦镜头纸蘸少量乙醇或丙酮轻轻擦洗镜面,不能来回擦,只能单向擦,待晾干后方可使用。

（3）校正折光仪。

打开棱镜,滴1滴蒸馏水于下面镜面上,在保持下面镜面水平的情况下关闭棱镜,转动刻度盘罩外手柄（棱镜被转动）,使刻度盘上的读数等于蒸馏水的折光率（$n_{20}^D=1.332\ 99$, $n_{25}^D=1.332\ 5$）,调节反射镜使入射光进入棱镜组,并从测量望远镜中观察,使视场最明亮,调节测量镜（目镜）,使视场十字线交点最清晰。

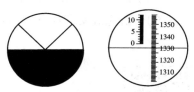

图 5.18-2　折射仪镜筒中视野图

转动消色补偿器,消除色散,得到清晰的明暗界线,然后用仪器附带的小旋棒旋动位于镜筒外壁中部的调节螺丝,使明暗线对准十字线交点,校正即完毕。

（4）测定。

用丙酮清洗镜面后,滴加1至2滴样品于毛玻璃面上,闭合两棱镜,旋紧锁钮。如样品很易挥发,可用滴管从棱镜间的小槽中滴入。

转动刻度盘罩外手柄,使刻度盘上的读数最小,调节反射镜使光进入棱镜组,并从测量望远镜中观察,使视场最明亮,再调节目镜,使视场十字线交点最清晰。

再次转动罩外手柄,使刻度盘上的读数逐渐增大,直到视场中出现半明半暗现象,并在交界处有彩色光带,这时转动消色散手柄,使彩色光带消失,得到清晰的明暗界线,继续转动罩外手柄使明暗界线正好与目镜中的十字线交点重合。从刻度盘上直接读取折光率。

（三）使用注意事项

（1）要特别注意保护棱镜镜面,滴加液体时防止滴管口划伤镜面。

（2）每次擦拭镜面时,只许用擦镜头纸轻擦;测试完毕,要用丙酮洗净镜面,待干燥后才能合拢棱镜。

（3）不能测量带有酸性、碱性或腐蚀性的液体。

（4）测量完毕,拆下连接恒温槽的胶皮管,排尽棱镜夹套内的水。

（5）若无恒温槽,所得数据要加以修正,通常温度每升高1 ℃,液态化合物折光率降低（3.5~5.5）× 10^{-4}。

技能操作

一、技能目标

（1）熟悉阿贝折光仪的结构;

（2）能正确使用阿贝折光仪;

（3）能对结果进行正确的判断。

二、素质目标

（1）实训开始前，按要求清点仪器，并做好实训准备工作；

（2）实训过程中，保持实训台整洁；

（3）按实训要求准确记录实训过程，完成实训报告；

（4）实训结束后，认真清洗仪器，清点实训仪器并恢复实训台原样；

（5）全班完成实训任务后，做好实验室卫生。

扫一扫：折射率的测定

三、实训操作提示

（1）仪器的安装；

（2）仪器的清洗；

（3）校正折光仪；

（4）测定。

四、思考题

（1）测定易挥发性液体时应如何操作？

（2）测定折光率时为何用超级恒温水浴？

任务评价

操作要点	考核标准	分值	得分
阿贝折光仪的使用	正确将循环水连接到阿贝折光仪上	10	
	设定温度正确	10	
	擦拭棱镜镜面	10	
	正确校正仪器	10	
	测定试样操作正确	10	
	读数正确	10	
	测量完毕，擦拭棱镜	10	
数据处理	数据记录及时、准确、清晰	10	
	结果正确	10	
实训习惯	实训过程中保持实训台整洁	5	
	实训完毕，及时收拾实训台	5	

实训操作记录

任务名称：

实训地点：　　　　姓名：　　　　班级：　　　　完成日期：

一、实训目的

二、仪器与试剂

三、实训步骤

任务 5-19　旋光度的测定

知识链接

一、旋光仪

测定液体的旋光度的仪器叫作旋光仪。通过对样品旋光度的测量,可以分析确定物质的浓度、含量及纯度等。旋光仪广泛应用于制药、制糖、食品、香料、味精以及化工、石油等工业生产中。科研、教学部门常将其用于化验分析或过程质量控制。

二、旋光仪的工作原理

旋光仪的结构如图 5.19-1 所示。从图中可知,从光源 1 射出的光线,通过聚光镜 3、滤色镜 4,经起偏镜 5 成为平面偏振光,在半波片 6 处产生三分视场。通过检偏镜 8 及物目镜组 9 可以观察到如图 5.19-2 所示的三种情况。转动检偏镜,只有在零度时(旋光仪出厂前调整好)视场中三部分亮度一致[图 5.19-2(b)]。

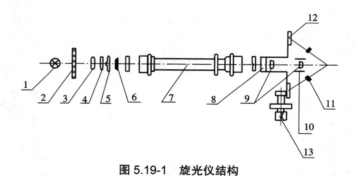

图 5.19-1　旋光仪结构

1—钠光源;2—毛玻璃;3—聚光镜;4—滤色镜;5—起偏镜;6—半波片;7—试管;8—检偏镜;9—物目镜组;
10—调焦手轮;11—读数放大镜;12—度盘及游标;13—度盘转动手轮

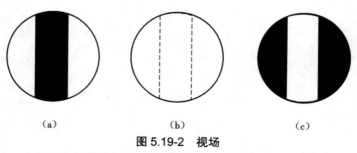

（a）　　　　　　　　　（b）　　　　　　　　　（c）

图 5.19-2　视场

（a）大于或小于零度的视场　（b）零度视场　（c）小于或大于零度的视场

当放进存有被测溶液的试管后由于溶液具有旋光性,平面偏振光旋转了一个角度,使零度视场发生了变化[图 5.19-2(a)或(c)]。转动检偏镜一定角度,能再次出现亮度一致的视场。这个转角就是溶液的旋光度,它的数值可通过放大镜从度盘上读出。测得溶液的旋光度后,就可以求出物质的比旋度。根据比旋度的大小,就能确定该物质的纯度和含量了。

　　为便于操作,将旋光仪的光学系统倾斜 20° 安装在基座上。光源采用 20 W 钠光灯(波长 $\lambda = 589.3$ nm)。钠光灯的限流器安装在基座底部,无须外接限流器。旋光仪的偏振器均为聚乙烯醇人造偏振片。三分视界采用劳伦特石英板装置(半波片)。转动起偏镜可调整三分视场的影荫角(旋光仪出厂时调整在 3° 左右)。旋光仪采用双游标读数,以消除度盘偏心差。度盘分 360 格,每格 1°,游标分 20 格,等于度盘 19 格,用游标直接读数到 0.05°。度盘和检偏镜固为一体,借助手轮能作粗细转动。游标窗前方装有两块 4 倍的放大镜,供读数时用。

三、使用方法

　　(1)将仪器电源插头插入 220 V 交流电源插座,并将接地脚可靠接地。

　　(2)打开电源开关,这时钠光灯应亮起,需经 5 min 预热,使之发光稳定。

　　(3)打开光源开关,若光源开关打开后,钠光灯熄灭,则再将光源开关上下重复打开 1 到 2 次,使钠光灯在直流光源下点亮,方为正常。

　　(4)打开测量开关,这时数码管应有数字显示。

　　(5)将装有蒸馏水或其他空白溶剂的试管放入样品室,盖上箱盖,待示数稳定后,按清零按钮。试管中若有气泡,应让气泡浮在凸颈处。通光面两端的雾状水滴应用软布揩干。试管螺帽不宜旋得过紧。试管安放时应注意标记的位置和方向。

　　(6)取出试管,将待测样品注入试管,按相同的位置和方向放入样品室内,盖好箱盖。仪器数显窗将显示出该样品的旋光度。

　　(7)逐次按下复测按钮,重复读几次数,取平均值作为样品的测定结果。

　　(8)如样品超过测量范围,仪器在 ±45° 之间来回振荡。此时,取出试管,打开箱盖,按箱内回零按钮,仪器即自动转回零位。

　　(9)仪器使用完毕后,应依次关闭测量开关、光源开关和电源开关。

　　(10)当直流供电系统出现故障时,仪器也可在钠灯交流供电的情况下测试,但仪器的性能可能略有降低。

　　(11)当放入小角度(小于 0.5°)时样品,示数可能变化,这时只要按复测按钮,就会出现新的数字。

四、仪器维护

　　(1)旋光仪应放在通风干燥和温度适宜的地方,以免受潮发霉。

　　(2)旋光仪连续使用时间不宜超过 4 h。如果使用时间较长,中间应关停 10~15 min,待钠光灯冷却后再继续使用,或用电风扇吹扫,以降低灯管受热程度,避免亮度下降和寿命降低。

　　(3)试管用后要及时将溶液倒出,用蒸馏水洗涤干净,揩干存好。所有镜片均不能用手直接揩擦,应用柔软绒布揩擦。

（4）旋光仪停用时，应将塑料套套上。装箱时，应按固定位置放入箱内并压紧。

五、影响因素

旋光物质的旋光度主要取决于物质本身的结构。另外，还与光线透过物质的厚度、测量时所用光的波长和温度有关。如果被测物质是溶液，物质的浓度、溶剂对溶液的旋光度也有一定的影响。因此旋光物质的旋光度，在不同的条件下，测定结果通常不一样。

1. 温度

温度升高会使旋光管膨胀而变长，从而导致待测液体的密度降低。另外，温度变化还会使待测物质分子间发生缔合或离解反应，使旋光度发生改变。不同物质的温度系数不同，一般在 $-(0.01\sim0.04)$ ℃之间。为此在测定时必须恒温，旋光管上装有恒温夹套，与超级恒温槽连接。

2. 浓度和旋光管长度

在一定的实验条件下，常认为旋光物质的旋光度与浓度成正比，因此将比旋光度视为常数。旋光度与旋光管的长度成正比。旋光管通常有 10 cm、20 cm、22 cm 三种规格。经常使用的是 10 cm 长度的。但对旋光能力较弱或者较稀的溶液，为提高准确度，降低读数的相对误差，需用 20 cm 或 22 cm 长度的旋光管。

技能操作

一、技能目标

（1）了解旋光仪的工作原理；
（2）正确使用旋光仪测定旋光度；
（3）正确读数；
（4）正确记录数据。

二、素质目标

（1）实训开始前，按要求清点仪器，并做好实训准备工作；
（2）实训过程中，保持实训台整洁；
（3）按实训要求准确记录实训过程，完成实训报告；
（4）实训结束后，认真清洗仪器，清点实训仪器并恢复实训台原样；
（5）全班完成实训任务后，做好实训室卫生。

三、实训操作提示

1. 实验器材

仪器：WXG-4 型圆盘旋光仪。

试剂：乙醇、布洛芬固体。

2. 实验步骤及现象

（1）称取 0.4 g 的布洛芬固体于广口瓶中,用量筒量取 30 mL 乙醇倒入广口瓶中。由于布洛芬在乙醇中的溶解度较小,所以配制布洛芬溶液的浓度应该合适。

（2）样品管的清洗及填充。

将样品管一端的螺帽旋下,取下玻璃盖片,用去离子水清洗样品管;然后用样品溶液润洗样品管 2 次;用滴管注入待测溶液或蒸馏水至管口,并使溶液的液面凸出管口。小心将玻璃盖片沿管口方向盖上,将多余的溶液挤压溢出,使管内不留气泡,盖上螺帽。管内如有气泡存在,需重新装填。装好后,将样品管外部拭净,以免沾污仪器的样品室。

（3）仪器零点的校正。

接通电源并打开光源开关,5~10 min 后钠光灯发光正常（黄光）,才能开始测定。通常在正式测定前,均需校正仪器的零点,即将充满蒸馏水或待测样品的溶剂的样品管放入样品室,旋转粗调钮和微调钮至目镜视野中三分视场的明暗程度（较暗）完全一致,再按游标尺原理记下读数,如此重复测定 5 次,取其平均值即为仪器的零点值。

上述校正零点过程中,三分视场的明暗程度（较暗）完全一致的位置,即是仪器的半暗位置。通过零点的校正,要学会正确识别和判断仪器的半暗位置,并以此为准进行样品旋光度的测定。

（4）样品旋光度的测定。

调节检偏器,使视场最暗;当放入待测溶液后,由于其具有的旋光性,视场由暗变亮。旋转检偏器,使视场重新变暗,所转过的角度就是旋转角。

扫一扫:旋光度的测定

实验测得的旋光度为 57.5°。

四、注意事项

（1）测试的液体或固体物质的溶液应不显浑浊或含有混悬的小粒。

（2）物质的比旋光度与测定光源、测定波长、溶剂、浓度、温度等因素有关。因此,表示物质的比旋光度时应注明测定条件。

（3）旋光仪的读数。

该仪器采用双游标卡尺读数,以消除度盘偏心差。度盘分 360 格,每格 1°,游标卡尺分 20 格,等于度盘 19 格,用游标直接读数到 0.05°。如图 5.19-3 所示,游标 0 刻度指在度盘 9 与 10 格之间,且游标第 6 格与度盘某一格完全对齐,故其读数为 $\alpha =$ +（9.00° +0.05° ×6）= 9.30°。仪器游标窗前方装有两块 4 倍的放大镜,供读数时用。

图 5.19-3　旋光仪的读数

任务评价

操作要点	考核标准	分值	得分
样品的称量	正确称量样品	10	
	正确取用乙醇	10	
样品管的清洗及填充	正确清洗样品管	10	
	正确润洗样品管	10	
	正确填充待测溶液及蒸馏水	15	
仪器零点的校正	正确进行仪器零点校正操作	20	
样品旋光度的测定	正确读数	15	
实训习惯	实训过程中保持实训台整洁	5	
	实训完毕,及时收拾实训台	5	

实训操作记录

任务名称：

实训地点：　　　　**姓名：**　　　　**班级：**　　　　**完成日期：**

一、实训目的

二、仪器与试剂

三、实训步骤

1. 样品的称量

2. 样品管的清洗及填充

3. 仪器零点的校正

4. 样品旋光度的测定

参考文献

［1］安委办：各高校要吸取北交大实验室爆炸事故教训 [EB/OL].（2019-01-03）[2021-03-01].http://www.chinanews.com/sh/2019/01-03/8719455.shtml.

［2］实验室安全事故案例分析 [EB/OL].（2020-04-22）[2021-04-01]. https://www.sohu.com/a/390054818_120000982.

［3］阿根廷科尔多瓦一大学实验室爆炸 20 人受伤 [EB/OL].（2007-12-10）[2021-04-01]. https://news.sina.com.cn/w/2007-12-10/095813051477s.shtml.

［4］郑燕龙，潘子昂. 实验室玻璃仪器手册 [M]. 北京：化学工业出版社,2007.

［5］孙皓，赵春. 基础化学实验技术 [M]. 北京：化学工业出版社,2018.

［6］吴赛苏，丁邦琴. 化学检验实训 [M]. 北京：化学工业出版社,2007.

［7］杨秋华. 无机化学实验 [M]. 北京：高等教育出版社,2012.

［8］赵玉娥. 基础化学 [M]. 3 版. 北京：化学工业出版社,2015.